脱！スマホのトラブル

LINE フェイスブック ツイッター
やって良いこと悪いこと

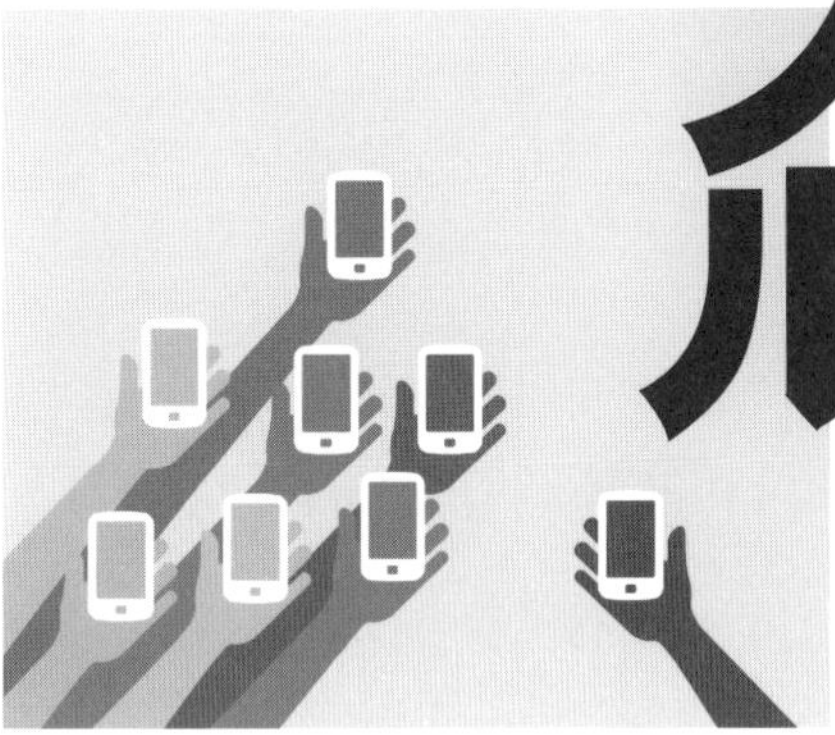

増補版

佐藤佳弘
Sato Yoshihiro

武蔵野大学出版会
Musashino University Press

はじめに

「本校でもスマホのトラブルが起きています」

ある中学校の校長先生は、苦悩の表情で私に語ってくれました。私は教育現場でスマホの問題について講演する機会を多くいただいています。訪れた学校では、まず校長室に通されて、校長先生とお話をします。その時に私は必ず聞く質問があるのです。

「スマホのトラブルは発生していますか？」

すると、どの学校で聞いても、「トラブルが起きている」という返答です。小学校も例外ではありません。また、児童生徒だけでなく、保護者間でのトラブルも発生しているようです。教育現場では、先生方がスマホをめぐる問題に困惑しているのです。

スマホを使った新しいサービスやアプリが次々と生まれ、大人たちよりも先に児童・生徒がどんどんと使っています。むしろ、保護者が子どもに使い方を教わるというほど、その進歩は速いのです。

スマホは便利な道具ではありますが、その利便性が悪用・誤用されて、先生や保護者の見えないところでトラブルが広がっています。ＬＩＮＥでイジメが行われたり、ツイッターに不適切な写真を投稿して問題になったり、さらに、「フェイスブックで知り合った相手による殺人事件」という、最悪の事態まで起きています。

何しろスマホはやっかいです。どんどんと新しいアプリやサービスが生まれています。ツイッターが出たと思えばフェイスブック、そしてＬＩＮＥ、ミックスチャンネル、インスタグラム。ネットには出会い系サイトもあれば、学校裏サイトもあり、アダルトサイトもある。詐欺メールが届いたり、個人情報が漏れたり、イジメの道具になったり……。スマホを使っていると、被害者になる危険だけではなく、知らない間に加害者になっていることもあるのです。

「学校で何とか教育しろ！」

そう言うのは簡単です。子どもに届いた悪口をスクリーンショットで撮って、学校に怒鳴り込んでくる保護者もいるそうです。「親の手に負えないから学校へ」なのかもしれません。でも、手に負えないのは学校とて同じなのです。先生方には、学校の本来の業務があります。通常の授業だけでなく、環境教育もあり、人権教育もあり、生活指導もあります。それだけではなく、防犯防災の教育もあり、学校行事もあり、引率、クラブ活動、保護者対応……。増え続けるスマホのサービスやアプリを、ゆっくり勉強する時間の余裕などありません。

そんなときは、専門家を活用するのが一番です。専門家を連れてきて話をさせて、その時の最新の知識をそのままいただいてしまうのです。すべての分野の知識をカバーすることは無理なことですから、専門家を活用するという教育モデルをぜひ確立していただきたいと思っています。

社会情報学を専門にしている私は、ありがたいことに小中高校に呼ばれて、「スマホの危険」や「正しい使い方」について、児童・生徒や先生方、保護者の方々に講演する機会をいただいています。私自身にも高校での教諭経験がありますので、教育現場の苦悩を人一倍感じながら講演しています。

講演ではスマホの危険や正しい使い方を、聞き手の年齢に合わせて話をします。しかしながら、学校の体育館に集まっていただける人数には限りがある。そこで、少しでも多くの方に知っていただきたいという思いから本書を執筆しました。

本書は、児童・生徒自身でも読めるように、できる限り専門用語を避けて、やさしい表現で執筆しています。そして、法的な裏付けを知りたい読者のためには、関係する法律を巻末にまとめました。

スマホの危険には、被害者になる危険だけでなく、加害者になるかもしれない危険もあります。本書ではその区別がひと目でわかるように、「被害者」または「加害者」と明記してあります。また、違法ではないもののオススメできないことには、「不健全」と表記しました。

スマホの危険におちいって被害者にならないように、また知らぬ間に加害者にならないように、本書を参考にして、安全で安心なスマホ生活を送っていただきたいと願っています。

最後になりましたが、出版の機会を与えてくださった、武蔵野大学出版会の芦田頼子さんにお礼申し上げます。本書が芦田さんにとって花道の本になっていましたら幸いです。また、私の原稿の編集を担当してくださった斎藤晃さんにも、たいへんお世話になりました。編集中に人生の転機が訪れるということも、何かの縁ではないかと思います。そして、いつもイメージにピッタリのイラストを描いてくれるイラストレーターの初瀬優さんにも感謝します。私の原稿が完成したときには、すでにすべてのイラストが出来上がっているというスピーディーさには、感心するばかりです。魅力的なデザインの本に仕上げてくださった田中眞一さんにも感謝します。

みなさんのお陰で本書を世に出すことができました。
本当にありがとうございました。

２０１４年３月　著者　佐藤佳弘

増補版の出版にあたって

この度、増補版の出版にあたり、いくつかの項目を追加しました。スマホがもたらすトラブルは減るどころか、増える一方です。どのような項目を追加すべきか考えた時、何も悩むことなく、次から次へとトラブルが浮かんできました。それほどスマホのトラブルは尽きないのです。

特に、長く使えば使うほどに、身体への影響も懸念されています。電車に乗って、周りを見回すと、多くの人が「うつむき族」になっています。スマホの小さな画面に見入っているのです。その画面は、ゲームだったり、ＬＩＮＥだったり、ニュースだったり、漫画だったり……。

また、何事もやり過ぎは身体によいはずがありません。腱鞘炎《けんしょうえん》になったり、美容に悪かったりと、健康にマイナスの影響があります。

増補版では、このような健康トラブルへの懸念も盛り込んであります。

本書でスマホトラブルを知って、トラブルを避けながら、上手に活用していただきたいと願っています。

２０１８年１月　著者　佐藤佳弘

【目次】

◉第3章 アップロード（掲載）の危険

◎第４章 ダウンロードの危険

◎第５章 サイト利用の危険

◉第6章 人体・健康への危険

◉第7章 その他の危険

column コラム

【第1章】

カキコの危険

1

? 他人の悪口

「A子はデブだ」とカキコした。本当のことだからいいのだ！

被害者 **加**害者

ウソはもちろん書いてはいけない。それは当然のことだ。ならば、本当のことだったらカキコ（書き込み）してもいいのだろうか。

いやいや、本当のことであっても

名前：あ 2014/00/00
A子って～
デブーー！！
名前：あ 2014/00/00
でぶ！でぶ！

書いてはいけないことがある。それは人の悪口である。たとえ本当のことでも、人をバカにする言葉、人を傷つける言葉、人がイヤがる言葉をカキコしてはいけない。デブもブスもダメだ。

「でも、おしゃべりやメールでは、みんな悪口を言っているよ！」と言いたいでしょ？

友達とのおしゃべりとネットへの書き込みとでは、同じ内容だったとしても大違いなのだ。ネットに書くと人前で言ったことになる。駅前で拡声器を使って叫んだと思えばよい。人前で悪口を言うと、最悪の場合は**侮辱罪**[注1]や**名誉毀損罪**[注2]になる。つまり悪口をカキコするということは犯罪にもなるのである。

実際に、岡山では中3の女子生徒がネットに同級生の悪口を書いて、侮辱の非行事実で家庭裁判所に書類送致されている。[注3]ネットに悪口を書き込むということは、非常に危険なことなのだ。

おしゃべりでの悪口もいいとは言えないけれど、ネットでの悪口はもっとダメだ。

もしも自分自身が悪口を書かれたら、削除依頼のページを利用して、削除してもらったほうがよい。放置していると、たくさんの人に何度も読まれることになる。

Point！人を傷つける言葉は犯罪にもなる。

2

? 自分の連絡先

引っ越した。友達のためにネットに自分の住所を載せた。

被害者

「友達に連絡先を教えなくちゃ！便利なネットで、自分の住所をみんなに知らせよう！」

ということで、住所や電話番号、メアド、LINEのIDをカキコするのは、ちょっと待ってほしい。

ネットを見ているのは友達だけではない。個人情報を掲載すると、嫌がらせや詐欺に悪用されることがあるのだ。ネットに載せるということは、自分の情報を、「悪用してください」と差し出しているようなものだと思ってもらいたい。もしも、今まで被害にあっていなかったとしたら、それは運がよかったにすぎない。

ネットには善人もいれば悪人もいる。学校では人を信じることを教えているかもしれないけれど、ネットではまったく逆。常に悪人が見ていて、あなたのスキをうかがっていると思った方がよい。

そんなネットの世界で個人情報を掲載するということは、渋谷スクランブル交差点を裸で横断しているようなものである。いつ被害にあってもおかしくない。

ネットにはＬＩＮＥのＩＤを掲載しているサイトがある。表向きは友達を作るサイトだが、友達を作ろうとした人がここにＬＩＮＥのＩＤを掲載し、実際に被害にあっている。

ネットに個人情報を載せてはいけない。住所、電話番号、メアド、ＬＩＮＥのＩＤも載せない。連絡先を知らせる場合は、その人にだけ、直接、教えよう。

友達を作りたいのならば、ネットで探すよりも、日ごろ会っている人を大切にすることだ。

Point！ 悪用される。自宅住所を載せてはいけない。

3

? 悪い冗談

爆弾をしかけたとカキコした。冗談だから大丈夫。

加害者

友達との会話ではセーフでも、ネットにカキコしたとたんにアウトになることがいくつもある。その1つが悪い冗談だ。

ネットに書くと、冗談が冗談では済まされなくなる。多くの人が見る

ことができるネットでのカキコは、人前で言ったことになるからだ。人が集まる繁華街で拡声器を使って、「爆弾を仕掛けた！」と叫んだらどうなるか想像してほしい。冗談では済まないでしょ？

ネットにカキコするというのは、そういうことなのだ。

ネットでの爆破予告、殺人予告は、**信用毀損罪**や**業務妨害罪**[注4]になる。友達に話すノリで、「爆弾を仕掛ける」とか、「皆殺し」とかカキコすると逮捕の対象になってしまう。

悪い冗談をカキコした有名な事件がある。ある大学生が「2ちゃんねる」にサッカーの日本代表が帰国するときに空港を爆破する、とカキコした。本人は書き込んだ1時間後に「あれはウソです。爆発なんてさせません」と訂正したけれど、もう手遅れ。通信記録からカキコがバレて、2カ月後に逮捕された（2003年9月）。その後もネットで爆破や殺人の犯行予告をして、逮捕された人は何人もいる。その中に冗談のつもりで書き込んだ人がどれだけいたことか。

また、人名をあげた暗殺予告は、**脅迫罪**[注5]になる。気に入らない芸能人や政治家がいるのならば、正々堂々と批判するべきだ。悪い冗談は言わない方がいいし、カキコしてはならない。

冗談が冗談で済まされなくなるのが、ネットでのカキコだと肝に銘じておこう。


Point！

逮捕される。冗談では済まされない。

4

？ウソのウワサ

「○○銀行が危ない！」とカキコした。ウソだから大丈夫でしょ？

加害者

「店員の態度が最悪だったから、料理に虫が入っていたとカキコしてやった」

ウソを書いてはいけない。

商売に影響するようなウソを書く

○○銀行が
あぶないって！！
大変だ！
つぶれるらしいぞ！
大変だ！
ATM
TM

と犯罪になる。そのカキコによって売上が落ちたら店の死活問題になるし、もしも損害賠償を求められたら、とても大きな金額を請求される。

「佐賀銀行が危ない」というウワサがメールで広まった事件[注6]があった。この誤情報で、多くの預金者が預金を下ろすために銀行に押しかけるという事態になった。その対応で正常な業務ができなくなり、銀行側は**信用毀損**容疑で犯人を刑事告訴している。

インターネットの世界は匿名だと思ったら大間違い。**IPアドレス**や**個体識別情報**が通信記録に残るので、カキコに使われたパソコンやスマホが特定される。逮捕されるのは時間の問題なのだ。これまでも尖閣ビデオ流出事件[注7]、大学入試問題ネット投稿事件[注8]など、匿名でネットを使っても、結局は投稿者が判明している。

特に店や会社を中傷するカキコは慎もう。本当に店員の接客態度が悪かったり、料理がまずかったりしたのなら、正々堂々と批判のカキコをすればよい。ただし、もしも店から訴えられた場合には、カキコの内容が本当だということを証明しなければならない。証拠を提出したり証人を用意したり、なかなか面倒なことになるので、批判するにもそれなりの覚悟が必要だ。

Point! 逮捕される。冗談では済まされない。

5

?　ウワサの拡散

犯人の名前がネットに出ている。みんなにも教えてやろう。

加害者

「容疑者の実名がネットに出ていた。ＬＩＮＥでみんなにも教えてやろう！」

テレビや新聞は、少年犯罪の容疑者の名前を伏せて報道する。でも、

事件が報道されると、ネットでは名前をあばこうとする、いわゆる「祭り」が行われる。すると、どこから出てくるのか、実名や顔写真がネットに掲載される。通っている学校名や、親兄弟の写真まで流される。過去に少年犯罪が報道されるたびに、このような**さらし**が何度も繰り返されている。

神戸の**酒鬼薔薇事件**[注9]でも、**大津いじめ自殺事件**[注10]でも、加害者とされる少年の名前や顔写真が、ネット上であばかれている。気をつけなければならないのは、それが「公式に報道されたものではない」ということだ。ネットでのウワサには誤情報が紛れ込むこともある。

事件とは無関係だったタレント、スマイリー・キクチさんも誤情報の被害者だ。**女子高生コンクリート詰め殺人事件**[注11]の関係者だと書かれて中傷を受けた。大津いじめ自殺事件でも、無関係の人が親戚だと書かれて中傷された。これらの誤情報を便乗して転載する人がいるので、多くの人の目に触れることになり、ますます拡散していく。

ウワサをネットで読むのはかまわないだろう。でも、ウワサを広める行為はオススメできない。その情報が正しいのか正しくないのか、わからないままに拡散させてはいけないのだ。

間違った情報だった場合は、ウワサを面白半分に広めた自分も加害者になる。

Point！ もし誤情報だったら、自分も加害者になる。

6

? 差別発言

「外国人は本国に帰れ！」意見を書くのは個人の自由だ。

加害者

法律に違反するようなことは言っていない。発言は表現の自由だ。ネット上なんだから、誰にも迷惑をかけていない。個人の意見を述べて何が悪い……！

なんて理屈は、差別書き込みには通用しない。

悪口、ウワサ、冗談などネットでカキコしてはいけないことはいくつもある。それらに加えて、「差別書き込み」もまたカキコしてはいけないものである。

差別や偏見によって多くの人が被害を受けている。外国人、障害者、生活困難者、女性、HIV感染者、ハンセン病患者、性的マイノリティ（同性愛者）、性同一性障害者、少数民族（アイヌの人々など）、犯罪被害者、部落差別など、人を差別するカキコは社会的に許されない。

差別発言については、表現の自由よりも人権尊重の方が優先されるのである。

路上で行われるヘイトスピーチの街宣活動は、外国人に対する差別である。その映像をネットに掲載すると、名誉毀損になる恐れもある。実際にヘイトスピーチの動画をネットに掲載したことが、名誉毀損にあたるとした判決もある。[注12]

ネット上での差別書き込みを発見したら通報しよう。通報先として**インターネットホットラインセンター**[注13]が用意されている。もしも、自分が差別を受けたら、被害を申告しよう。相談先として法務局の**人権擁護機関**があり、ネット上にも相談窓口が用意されている。

Point! 差別発言は自由ではない。人権の方が優先される。

column コラム 1

「チョー便利！」
＝
「チョー危険！」

便利な道具は、よいことに使っても便利だし、逆に悪いことに使っても便利なものです。技術自体は中立だから、使い方によってよい効果が出たり、悪い効果が出たりします。悪い方に出た場合は、悪影響をもたらすことになります。

スマホは私たちの生活を助けてくれる、とても便利なものです。いつでもどこでも連絡できるし、ホームページを見ることもできます。

でも、スマホは、悪用しても便利なのです。出会い系にも使えるし、なりすますことができるし、だますことができるし、犯罪にも使われます。

私たちにとって、「便利だ」ということは、「実は危険である」ということを忘れてはいけません。

「スマホはチョー便利！」ということは、「スマホはチョー危険！」ということなのです。

何も知らずに使うことが、もっとも危険です。どんなふうに使えば便利で、どんなときに危険があるのかを知ることが大切なのです。

スマホを使うときに、最も危険なことは無知であることです。危険があるかどうかを知らずに使っているのは、地雷が埋まっている地帯を能天気にスキップしているようなものです。

どこに危険があるのかを知って使えば、生活を助けてくれる便利な道具になることを覚えておきましょう。

【第2章】

メール、メッセージの危険

1

?

架空請求メール

覚えのない請求メール。使ってませんと電話しようかな？

被害者

身に覚えのない入会金や、利用料金を請求する詐欺メールが来たら、それはきっと**架空請求**だ。

「支払わなかったら、自宅や職場まで回収に行く」と書いてある。

身に覚えがないなぁ
うーん
お客様のサイト登録料が未払いです
料金の詳細につきましては
こちらまでお問い合わせください
TEL 03-XXXX-XXXX
担当 〇〇

請求を無視して放置していたら、どんなことになるのだろうか。

架空請求メールには必ず、「心当たりのない方は下記までご連絡下さい」と、連絡先の電話番号が書いてある。でも、絶対に電話をしてはいけない！　電話をすると相手の思うツボだ。

アダルトサイトの利用料金と言われると、エッチ画像を見たことのある男子は、はっきりと否定できないし、人にも相談しづらい。そこにきて、「払わなかったら取立てに行くぞ！」と脅かされて、支払ってしまう人がたくさんいるのだ。[注1]

なぜ架空請求メールが来たのだろうか？　それはメールアドレスが、悪徳業者に漏れているからである。漏れるルートはいくつもある。どこかの**無料サイト**に登録したメールアドレスが横流しされたのかもしれないし、友だちが**不正アプリ**をダウンロードしてしまってアドレス帳が漏れたのかもしれない。漏れた理由はともかく、身に覚えのない請求メールには返信してはいけない。電話もしない。無視する。その後も催促メールが何度か来ることもある。それも、無視する。

ただ1つだけ、裁判所の**少額訴訟**の手続を悪用した架空請求が来たら、無視できない。裁判所から呼出状が郵送されて来た場合は、放置すると強制執行される恐れがある。すぐに警察署に相談しよう。

Point ！ 電話もメールもしない。無視する。

2

？ 有名人からのメール

憧れのアイドルから相談メールが来た！もちろん返信する！

被害者

もしあなたの憧れのアイドルからメールが来たら、間違いなく舞い上がってしまうはず。そんな都合のいい話なんてあるはずがないのに、現実には多くの人がだまされている。注2

タレントやそのマネージャを語るメールの正体は、詐欺メールである。「悩んでいるので相談に乗ってほしい」「話し相手になってほしい」「たまたまネットであなたを見つけた」などと言われても、絶対に信じてはいけない。

あり得ない話だとわかっていても、コンサートやテレビ収録の様子を具体的に話してくれるし、「あなたのために手を振りました！」などと言われると、それなりに真実味を帯びてくる。それもそのはず、詐欺師はブログなどでアイドルの行動をチェックしていて、それらしく話を作り上げるからだ。

メールのやり取りをしているうちに、やがて有料の**メッセージ交換サイト**に登録させられる。1通の受信に300円、送信に500円といった料金設定だ。

相手は、「必ず支払うので立て替えておいてほしい」という言葉を忘れない。後であなたは何万円もの利用料金を請求されることになり、もちろん相手には払ってはもらえない。

残念ながら、メールのやり取りをする相手はアイドル本人ではない。タレントになりすましたサクラであり、これを**サクラサイト商法**という。

タレントやマネージャを語るメールには返信しない。無視する。それが基本だ。

Point！電話もメールもしない。無視する。

3

? 宛先間違いメール

宛先間違いのメールが来た。返信して教えてあげよう。

被害者

間違いメールは「メアド集め」のための典型的な手口だ。

「間違ってますよ」と返信したら、あなたのメールアドレスを相手に教えたことになる。いったん教えてし

・・・誰だ？
間違えたのかな？
迷惑メールがひどいので、
メアドを変えました♪
今度からこっちにメールしてね！
abcdefg@XXXXX.jp

まったら、そのメアドが業者の間で使い回されて、あちこちから迷惑メールが来るようになる。**ワンクリック詐欺**に誘導するメールが来たり、**架空請求**や**サクラサイト商法**に使われたりする。

知っている人からの間違いメールならば、送信した本人に教えてあげればよい。その人は送り直すだろう。でも知らない人や団体からのメールには、「送信先が違いますよ」などと返信してはならない。返信しないでいると、間違えたフリをして何度か送られて来ることもある。が、それでも無視する。

さゆりメールと呼ばれるメールも、この手のメールだ。さゆり（別の名前の場合もある）と名乗る人から親しげに、「久しぶり！」いうメールが届く。よくある名前なので知人かと思い、うっかり返信すると、悪徳業者に自分のメアドを教えたことになる。逆に無視していると何通もメールが来て、しまいには「なぜ返信しないの！」と怒り出すことも……。

「アド変しましたぁ〜」「登録してね♪」というメールに、「誰ですか？」とか、「間違えていますよ」などと返信してはいけない。返信したら最後、その後はわんさかと迷惑メールが来ることになる。

知らない人には親切にしない。連絡しない。無視する。それがネットの新常識である。

Point！電話もメールもしない。無視する。

4

？ なりすましメール

メール設定は買ったときのまま。迷惑メールが来たら消せばいい。

被害者

迷惑メールは、広告メールや出会い系メールだけではない。もっと危険なメールもある。それは、**なりすましメール**だ。あなたが知っている店や友だちになりすまして、メール

が送られてくる。

なりすましメールを送るサービスをしているサイトがあるので、なりすましメールは誰にでも送ることができる。そのサイトで送り先のメアドと、なりすましたい人のメアドを指定して、ニセのメール文を入力してクリックするだけ。なんと、なりすましメールを送るための、スマホの無料アプリまである。小学生にでも送ることができるほどカンタンだ。

なりすましメールを使ったイジメも起きている。ある生徒にクラス全員から悪口メールが来た。本当は1人がクラスメート全員になりすまして送っていたのだ。でも、その子は「クラスの全員に嫌われている……」と思い込み、不登校になってしまったという。

あなたは今日、朝から何件のメールを受信しましたか？　そのメールは本当にその人からのメールですか？

なりすましメールの**受信拒否設定**をしていないと、本当にその人からのメールかどうかは保証されていません。すべてのスマホには、なりすましメール受信拒否機能があるので、必ず拒否設定をしておこう。これはスマホ利用の基本だ。

Point！　危険すぎる。なりすましメールが来るかも。

5

？ お金あげますメール

お金を受け取ってほしいらしい。困っているようだ。

被害者

「税金対策としてあなたにお金を寄付したい」「身寄りがないので遺産を受け取ってほしい」「デートするだけでお金をもらえるバイトです」……。

まるで絵に描いた餅のような、「タ

あなたに 3000 万円差し上げます。
銀行口座を教えてください。

ナからボタ餅」のメールがやってくる。その通り、これらは絵に描いた餅であり、ウソのメールです。返信すると「お金の受け渡しの相談をするために、有料の**メッセージ交換サイト**に登録してほしい」といったメールが届き、登録すると会話を引き延ばされて何度もメッセージ交換をさせられる。振込先の口座番号を送ると、「文字化けして読めないから、上のランクで登録してください。料金はこちらで負担しますから」などと、うまいことを言ってダマし続ける。

メッセージのやり取りをする度に、1通あたり500円くらいの料金がかかる。それでも、「その料金も相手が負担する」という話になっていたり、「大金が入るから大丈夫」と何度もやり取りを続け、最後には利用料金の請求を受ける。そのころには、筋書き通り、相手はドロンして連絡が取れなくなる。もちろんお金はもらえず、料金の請求だけが残る。

「だまされる方が悪い」と言ってしまえばそれまでだ。そんなに簡単にお金が手に入るわけがない。でも、こんな話でも世の中には素直に信じる人が多いのも事実。

詐欺犯の悪知恵は私たちを上回っていることを忘れてはいけない。ネットでは知らない人からのうまい話に乗ってはならない。

Point！ 詐欺メールです。有料サイトに登録させられる。

6

？ メールのハートマーク

いつもA子にハートマークを送っている。B子に送っても問題ないはず。

加害者

「A子にハートマーク付きのメールを送ったら喜んでくれた。だから、B子にもハートマーク付きのメールを送った。同じハートマークなのに

おはよう、A子さん♥
♥○男です♥
この前話していたXX…

A子では問題がなくて、B子ではセクハラになるなんて話があるのか？」
それがあるのだ。なぜかというと、セクハラかどうかを決めるのは、送った人ではなくて、受け取った人だからだ。**受け取った人が「イヤだ！」と感じたらセクハラになる。**だから、同じメールでも、受け取った人によってセクハラになったり、ならなかったりする。ハートマークを喜ぶ人がいれば嫌がる人もいることを知っておこう。

実際にメールのハートマークがセクハラと認定された事件[注3]がある。ある大学教授が女子職員に業務連絡メールを送った。その中に入れたハートマークがセクハラと認定され、教授は懲戒戒告処分になった。女子職員がイヤがっていると認識しながら、10通も送ったということだ。

ハートマークの感じ方は人それぞれである。逆に送り主でも違う場合がある。

「A君からのハートマークならいいけど、B君からのハートマークはイヤ！」ということもある。

「えこひいきだ！」と思うかもしれないが、セクハラは受けた人が決めるのだからしかたがない。

セクハラを防ぐには、相手の反応を注意深く見ること。相手が無反応だったり、イヤがったら、すぐにやめる。そうすればセクハラには発展しない。しつこく繰り返すからセクハラになるのである。

Point！ 相手が「イヤだ」と感じたらセクハラになる。

7

？不審な添付ファイル

「重要」という添付ファイルが届いた。すぐに開けてみなければ……。

被害者

知らない人から送られてきたメールにファイルが添付されていたら、もうそれだけで十分に不審な添付ファイルである。こんなファイルには**コンピュータウイルス**が潜んでいる

危険がある。爆発物が入っている小包だと思えばよろしい。正しい対処方法は**開かずに削除**だ。

最近のウイルスメールはとても巧妙になっている。何とかして添付ファイルを開かせようとして、誰もが知っている機関や団体を名乗る場合もある。役所や学校、協会などを装ったメールもある。

保健所から「食中毒のお知らせ」というメールが届くと、誰もが気になる。自分が通っている学校を名乗って「休講情報」という添付ファイルが送られて来たら、うっかり開いてしまうかもしれない。

これまでの無差別に送り付けるウイルスメールに対して、このように実在の組織になりすまして、特定の人に送るタイプを**標的型メール**という。メールアドレスや個人情報が漏れていると、こんなところで悪用されるのだ。

基本の対策は、**なりすましメールの受信拒否設定**をしておくことである。そしてスマホ用の**ウイルス対策ソフト**のインストールも忘れてはいけない。しかし、これだけやってもウイルスメールは完全に防ぐことができない。

もしも、メールがウソなのか本当なのか判断に迷ったら、添付ファイルを開ける前に、先方に連絡して確かめるとよい。

Point! 知らない人からならば要注意。ウイルスかもしれない。

8

？デマメール

水がなくなるらしい！お母さんに知らせなくちゃ！

被害者 **加**害者

東日本大震災[注4]の際に、千葉の石油コンビナートで火災が発生した。モクモクと黒煙を吹き上げる様子が、ニュース映像で流された。すると間もなく、注意をうながすメールが人々の間を駆け巡った。

「有害物質を含んだ雨が降るので、傘かレインコートを携帯するように！」

これは大変だと、多くの人が家族や友だちに転送した。これが**デマメール**だった。

大災害があると必ずデマが流される。「外国人が強奪している」「スーパーが襲撃される」「ミネラルウオーターがなくなる」……。こんなデマが人々の不安をさらにかきたてて、余計に混乱を大きくする。「放射線被害を防ぐには、市販のうがい薬が有効」というような、根拠のないデマも流れる。メール文の中に「転送して！」「**拡散希望**」という言葉があったら、デマの疑いが濃厚だ。

新聞やテレビには誤報もあるけれど、まだまだ十分に信用してよいメディアである。それに対して、個人が発信するネットにはウソやデマやウワサも多い。**誤情報**がたくさんあるので、鵜呑みにしてはいけない。信頼できる機関やメディアから発信されている情報なのかどうかを確かめてほしい。

ただ、ネットには新聞やテレビのニュースで扱っていない情報もあり、それが本当に役に立つ情報になる場合もあるからややこしい。

デマなのか本当なのかを確かめる簡単な方法がある。「ホントかな？」と思ったら、ネットで検索してみよう。あなたと同じように疑問に思った人が、真相を調べて書き込んでくれているはずだ。

Point！ デマかもしれない。誤情報を転送すると加害者になる。

9

？当選メール

懸賞に当選したらしい。さっそく受け取りの手続きだ！

被害者

「ミラコスタの宿泊券が当たった！　懸賞サイトに登録したことがあるから、その中のどれかが当たったんだ！　ラッキー♪　事務手続き費用を支払えば、チケットが送られ

キャー！
高級ホテル
宿泊無料
ディナー無料
10000
10000
応募したっけ…？
当選おめでとうございます！
下記 URL へ至急ご確認ください。

てくるらしい……」

これはよくある詐欺メールだ。

「旅行商品が当たりました！」「薄型テレビが当たりました！」「外国の宝くじが当たりました！」「あなたには受け取る権利があります！」と言って、事務手続き費用の名目でお金をだまし取るのである。

メールアドレスが外部に漏れると、悪用されてこんな詐欺メールが来る。返信なんかしたら**間抜けなカモリスト**に載せられて、業者の間に出回ることになる。最初は数千円の手数料を取り、次は数万円の預かり金を要求する。断ると高額な賠償金が発生すると脅かされる。また、当選内容の確認がメール交換サイトを使うことになっていて、メールのやり取りのたびに料金が発生することもある。

それは本当にあなたが応募した懸賞ですか？　もし記憶があやふやだったら、確かめる方法がある。当選を知らせるメールに書かれている会社名をＹＡＨＯＯ！やＧｏｏｇｌｅで検索してみよう。もしも詐欺だったら、被害にあった人がネットに情報を書き込んでいるはずだ。メールに会社名が記載されていなかったらかなり怪しいと思っていい。「手続きを代行しています」などとわかりやすいウソをついていたら、ますます詐欺メールの疑いが濃厚だ。カモにならないよう自分の身を守ろう。

Point！　詐欺メールかも。ネットで確認しよう。

10

5分ルール

5分待っても返事がない。友達としてあり得ない。

被害者　加害者

子供たちの間で出来上がったルールはやっかいだ。親が理屈を言ったところで壊すことはむずかしい。

守らなかったら、仲間外れにされることもある。「5分以内に返信しなければならない」という**5分ルー**

もう5分経った！！
返信おっそーーーい
スピー
スピー

ルもその1つだ。早く返信することを友達の証《あかし》にしてしまっているのである。返信が遅いと「友達ではない！」と言われる。

いつでも連絡が取れる便利さは、逆に「なぜ返事をしないのか？」という不信感を生む。さらにＬＩＮＥでは、相手がメッセージを読んだのかどうかがわかるので、なおさらやっかいだ。

「読んだのになぜ返事を出さないのか！」と非難されてトラブルの元になる。

既読無視は犯罪ではない。むしろ返事を強制することの方が犯罪になりかねない[注5]。

大人から見たら、くだらないルールやつまらないルールでも、子供たちの間にできたルールを、親が理屈で壊すことは容易ではない。このような間違ったルールを壊すためには、大人側も連携して対処することが必要である。学校ぐるみ、ＰＴＡぐるみ、地域ぐるみで正しいルールを作ることだ。

相手の都合におかまいなく返信を強要するのは、ルール違反であるということを、家族だけでなく、学校からも、ＰＴＡからも、地域からも、繰り返し子供たちに訴えることである。

「5分以内に返信をしなければ友達ではない」という人は、**相手のことを思いやる**ことができない人間である。そんな人は決してよい友達とは言えないし、自分もそんな人にはなってはいけない。

Point！ 返信できないこともある。相手を思いやろう。

11

? チェーンメール

人畜無害のチェーンメール。誰にも迷惑をかけていない。

被害者　加害者

ネットにはムダなゴミメールがいっぱいある。望まない広告メールや詐欺メールなどの迷惑メールであふれかえっている。**チェーンメール**もその1つだ。

誰もが知っているテレビ番組の名前を出して「実験です」と偽り、「どこまで広がるのか調べているので、多くの友だちに転送してほしい」と呼びかけた、有名なチェーンメール[注6]があった。

「詐欺でもデマでも広告でもないし、誰にも迷惑をかけないチェーンメールならば、転送しても問題はないはず……」

なんて思ったらとんでもない。インターネットの世界に、**迷惑メール**の量はどのくらいあるか知っているだろうか？

正常なメールは全体の3割で、後の7割は迷惑メール[注7]なのである。チェーンメールを転送する行為は、ネットのゴミメールを増やすことになる。そのゴミメールの処理にも、当然、費用がかかる。その費用は誰が負担するのか？　携帯電話会社はボランティアではない。結局は利用者の料金にはね返ることになるのである。

「24時間以内に5人に転送しないと事故にあう」と脅かすチェーンメールもある。「そんなメールを自分のところで止めるのは気持ちが悪い」という人のために、**転送先のメールアドレス**[注8]が用意されているので利用するとよい。

Point！ ネットの7割がゴミメール。処理費用は利用料金にはね返る。

12

? しつこいメール送信

愛の重さはメールの数だ。想いが届くまで送り続けるぞ！

被害者　加害者

「好きなあの子にメールでアタック！『毎日ラブレターを出し続けた』という人がいたけど、ぼくは想いをメールで伝える。メールでラブレターだ。想いが伝わるまで毎日送

ブツブツ
ブツブツ
ブツブツ
愛こそすべて
メールの量でわかって
僕だけが君のことを
一番僕が君
僕の愛はきっと届く
にも負けない
わかっている
僕の愛は誰にも負けない

信するぞ！」
やる気は見上げたものだが、これは危険な行為だ。拒まれたにも関わらず、連続してメールを送信する行為は、**ストーカーのつきまとい**と見なされる。つきまといは**ストーカー規制法**[注9]で禁止されている。松戸市で女性が拒否したにも関わらず、1日に23回のメールを送った男が、ストーカー規制法違反の疑いで逮捕された。[注10]毎日多くのメールを出している人は、返信もないのに送り続けていないか見直してみよう。

もし自分がストーカー被害にあったら、まず最寄りの**警察署**に相談するとよい。相手に警察署長から、ストーカー行為をやめるように警告してもらうことができる。

もし、相手が警告に従わなかったら、今度は**公安委員会**から禁止命令を出すことができる。

相手が返信しないからといって、しつこくメールを送るのはやめよう。電話もFAXも同じである。

「しつこく」とはどの程度のメール送信なのかというと、警察は「1日に1通でも何日も繰り返せば執拗《しつよう》なメール送信になる」という見解を出している。

Point !
メールを繰り返すとストーカーと見なされる。

13

フィッシングメール

更新手続きの画面が出た。ＩＤ番号とパスワードが必要だ！

被害者

ある日、更新手続きのお知らせがメールでやってくる。メールにはホームページアドレスが書かれている。そのホームページにアクセスすると更新手続きの画面が出て、「今後も

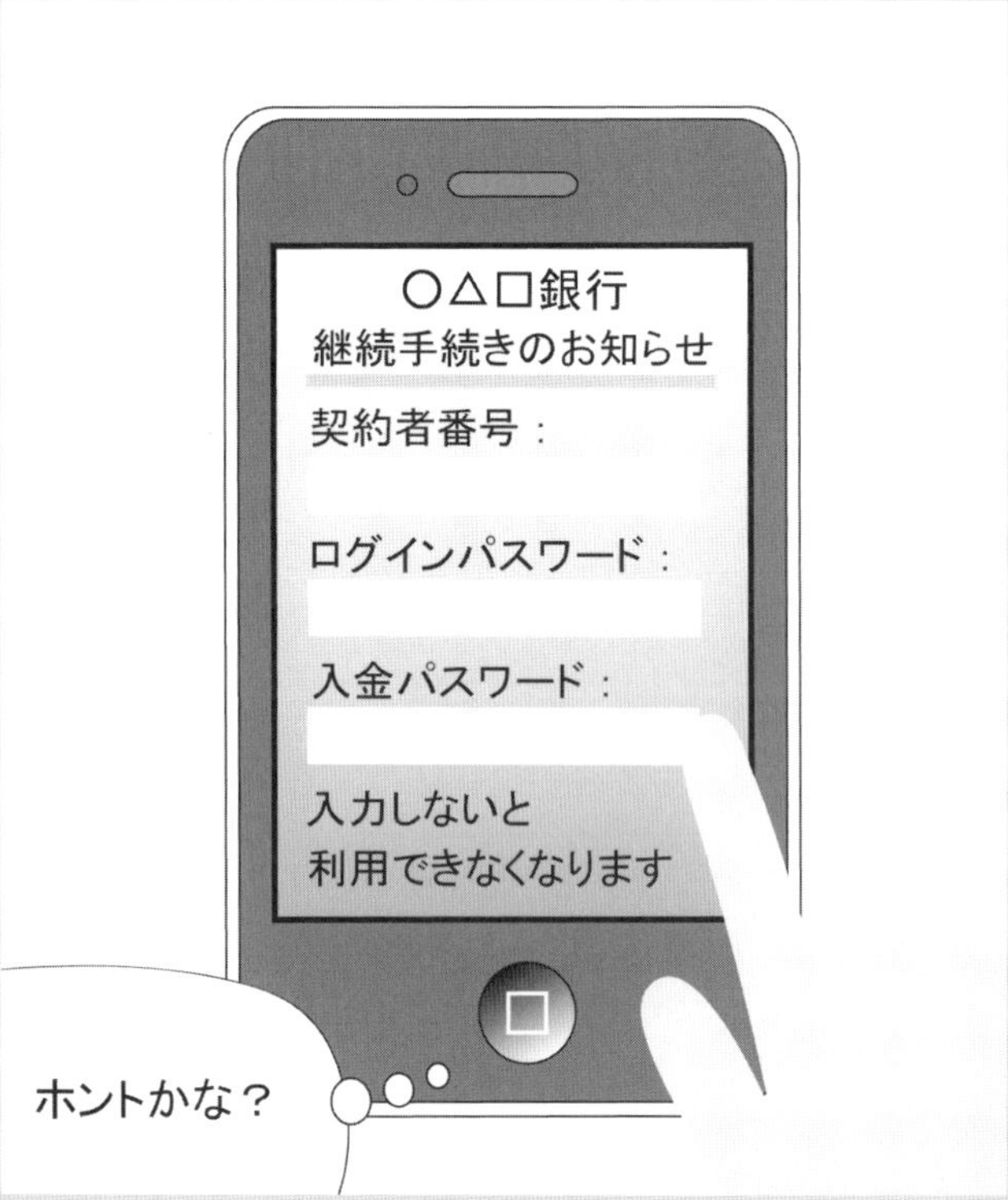
○△□銀行
継続手続きのお知らせ
契約者番号：
ログインパスワード：
入金パスワード：
入力しないと
利用できなくなります
ホントかな？

利用される場合は、更新手続きのため現在の**IDとパスワード**を入力してください。もしも、手続きをしない場合は、今後は使用できなくなります」とある。

「使えなくなったら大変だ！」と、さっそくIDとパスワードを入力して更新した……。

これであなたのID、パスワードは悪人の手に渡り、無断で使用されることになる。

これは**フィッシング詐欺**だ。入力したものが**銀行口座**の情報だったら、あっという間にお金は引き出されている。「システムトラブルが発生したので、確認のため会員情報の再入力をお願いしたい」と言って、ニセサイトに誘導して、IDとパスワードを入力させる例もある。

更新手続きのホームページは、本物そっくりに作られている。ホームページアドレスも本物と勘違いするような紛らわしいアドレスだ。ネットをよく知らない人はだまされても不思議ではない。

金融機関（銀行、保険、カード会社など）が、メールでカード番号や暗証番号を尋ねることはない。「本当かな？」と思ったら、問合わせて確認しよう。ただし、メールに記載された連絡先に問合わせてはいけない。電話にニセモノが出てきて、「これは本物です」と言うに決まっている。ネット検索などで正規の連絡先を調べて問い合わせよう。

Point！ 簡単にIDとパスワードを入力してはいけない。不審に思ったら、問い合わせよう。

14

スマホ中毒

メッセージが来た。すぐ読んですぐ返信がスマホの基本だ。

不健全

家族と食事をする時、あなたのスマホはどこにありますか？　お互いの顔を見ながら食事すると、食卓が明るく楽しくなる。笑顔は料理をおいしくする。でも、無言の食卓は味

気ない。なぜ無言？　スマホを操作しているからだ。

友達同士でお茶した時に、友達同士なのに、無言で会話がない。それぞれスマホをいじっているからだ。これはカフェやファストフードで見る不気味な光景である。そこにはいない人と盛んにメッセージのやりとりをしている。目の前の人は待たせてもいい。でも、スマホの相手にはすぐ返信しなくちゃいけない。目の前の人は待ってくれる。でも、スマホの相手は待たせられない。

大人もスマホの使い方を反省しなくちゃいけない。ファミリーレストランで、家族がそろって、それぞれにスマホをいじる光景は、はたから見ると悲しいものだ。子どもは大人の背中を見ている。大人が正しい使い方をしなければ、子どもは**スマホのモラル**を学ばないだろう。

大人が歩きスマホをやめなければ、子どもは歩きスマホをやめない。大人が食卓でのスマホをやめなければ、子どもは食事中のスマホをやめない。まず、大人が見本を示さなければならない。

メッセージが来たからといって、すぐ読んですぐ返信する必要はないのだ。目の前の人との会話の方が優先なのである。一緒にいる目の前の人よりも、どこかにいるスマホの人の方を優先していると、目の前の人との関係が壊れていくということに、早く気がついてほしいものだ。


Point!

スマホの人より目の前の人を大切にしよう。

15

LINEいじめ

既読なのに返事が来ない。何やってんだ！　早く返信しろ。

加害者

ＬＩＮＥの**既読機能**は、とても便利な機能である。災害時にはこの機能のお陰で、相手が無事であるかどうかを確認できた。連絡に使えば、相手に伝わったことを確認できる。

しかし、「便利なものは、誤用悪用すれば危険なものに変わる」ということを知ってほしい。既読機能は**既読無視**というトラブルを生んだ。「読んだのに返信しない！」として非難する、いじめの道具になったのである。これがＬＩＮＥいじめだ。

目の前にいる人に話しかけて、もし返事をしなければ問題だ。「なんだ、無視するな！」ということになるだろう。これに対してＬＩＮＥの場合は、相手は目の前にいない。どんな状況になっているのかはわからない。他の人とおしゃべりしているのかもしれないし、仕事や勉強をしているのかもしれないし、外を歩いているのかもしれない。既読になったからといって、すぐに返信できるとは限らない。自己中に返信を強要してはいけない。

いじめにつながる機能ならば、「使うか使わないかを利用者が選べるような、オプション機能にしたらどうだろう？」と思うかもしれない。そのような意見は確かにある。特に、ＬＩＮＥいじめに対応している教育機関では切実なニーズだ。でも、ＬＩＮＥ株式会社は、「既読機能はコミュニケーションを活発にするための重要な機能だ」としている。この先もオプションになることはないだろう。**送信の取り消し機能**が追加されるのであれば、**既読機能のオプション化**も検討してほしいものである。

Point！
人それぞれに都合がある。返事を強要してはいけない。

16

置き去り

仲良し仲間のグループトークができているから心配はいらない。

被害者

ＳＮＳでの会話では相手が見えていない。スタンプは笑い顔でも、本当は迷惑そうな顔で返信しているかもしれない。顔が見えないコミュニケーションはちょっと不安だ。

ＬＩＮＥの世界には、いじめが存在している。ネットの上で仲間はずれにするといういじめである。文部科学省の調査結果を見ると、児童生徒のいじめはなくなることがない。ネットを使ったいじめの認知件数は、全国で年間およそ1万件もある。これは認知された数だけだ。親や先生が、気がついていないネットいじめのことを考えたら、1万件はまさに氷山の一角だろう。

ＬＩＮＥには、メーリングリストのように、同時に複数の人と会話ができる**グループトーク**という機能がある。これまでグループトークができていたのに、ある時から急にできなくなったとしたら、それはグループトークの登録から外されたからだ。このいじめを**LINEはずし**という。

ＬＩＮＥはずしによるいじめが明らかになると、学校の先生から呼び出されて注意を受けることになる。そこでＬＩＮＥはずしが進化した。それが**置き去り**である。**裏グループ**ともいう。

今あるグループトークの登録はそのままにして、別のグループをつくる。そのときに、標的になっている者だけを登録から除くのである。標的になった者は、これまで通りにグループトークができているので気がつかない。しかし、その裏では自分だけが外された別のグループが存在していて、自分への悪口が展開されているのだ。なんとも怖いネットいじめが**置き去り**なのだ。

Point! 裏グループができていたら、今のグループはフェイクだ。

column コラム 2

機種変しても前のスマホはネットが可能

スマホのことを「携帯電話が高性能になったもの」と考えてはいませんか？

スマホは携帯電話が進化したものではなく、まったく別の物だと思った方がよいです。

携帯電話では通話やメールができました。ホームページの閲覧もできました。スマホは携帯電話と同じもののように見えますが、実は生まれが違います。携帯電話の母はコードレス電話で、スマホの母はパソコンなのです。

スマホは「無線LANを備えた小型パソコン」だと思えばよいでしょう。無線LANを備えているので、電話回線とは関係なくネットに接続できます。

自宅のパソコンが、携帯電話会社と契約をしていなくてもインターネットができるのは、無線LANを使うからです。スマホも同様で、無線LANによって、携帯電話の回線を使うことなくインターネットができます。

つまり、機種変したことで、前の機種は通話ができなくなっていても、ネットは使えるのです。

機種変した古いスマホを、ゲーム機として子供に渡すと、子供は「アダルトサイト見放題の道具」をもらったことになるのです。

子供に渡すのならば、しっかりとフィルタリングをかけておきましょう。

【第3章】

アップロード（掲載）の危険

? 人の顔写真の掲載

女子会の写真をアップした。楽しい写真だから大丈夫！

加害者

どんなに楽しい写真であっても、人が写っている写真を勝手にアップしてはいけない。**肖像権の侵害になる。**肖像権とは、**無断で撮影されない権利と、無断で公開されない権利**

MY BLOG
女子会
仲良しのB子と久しぶりに
女子会したよ〜！

のことだ。写真を撮ることも、ネットに掲載することも、本人から了解を得る必要がある。もしもプライベートの写真だったら、無断掲載は**プライバシーの侵害**にもなる。食事の写真も、遊んでいる写真も、旅行の写真も、どれも私生活のことだから、実はプライベートの写真なのである。

自分の写真を自分が掲載するのは自由だろう。でも、人が写っている写真を無断で掲載するのは、肖像権やプライバシーに関わる。そして、何よりも**マナー違反**だ。

ＳＮＳでは写真掲載のトラブルがとても多い。ほかの人からの誘いを「仕事があるから」と断ったのに、別の飲み会にいる写真を友人にアップされて、ウソをついたことがバレてしまったり、ほかの人と一緒にいる写真に**タグ付け**[注1]されたため、誰と会っていたのかを知られてしまったり、結婚披露宴に出席したら無断で掲載されてしまったり、ママ友に保育園での我が子の写真を使われたり……。写真掲載ではトラブルが絶えない。

自分の写真だけならばまだしも、一緒にいる人の写真を勝手に載せてはいけない。楽しい写真だとか、おめでたい写真だとか、写真の内容には関係ない。とにかく無断掲載はアウトである。

ネットに掲載する予定があるのならば、事前に了解を取っておこう。

Point！
肖像権の侵害。プライバシーの侵害。

2

? 自撮り写真の掲載

自撮り写真をアップした。自分の写真だから問題ないはず！

被害者

人が写った写真だけでなく、自分が写った写真のアップロードにも気をつけよう。

自分の写真をネットに掲載するということは、「悪用してください」

とお願いしているのと同じなのである。

特に、女子の場合は、合成されてヌード写真にされたり、キャバクラのチラシに使われることもある。

位置情報サービスや、カメラの**GPS機能**をオンにしたまま撮影した写真の場合は、さらに危険である。そうやって撮影した写真には、通称**ジオタグ**と呼ばれる位置情報が添付される。

そのままネットにアップロードすると、写真に添付された位置情報も一緒に公開することになる。つまり、自宅で撮影した写真なら、全国の人に自宅の所在地を教えていることになるのだ。

そのときに「旅行に行きます」などとプライベートの予定をカキコしていたら、留守になることを空き巣に教えているようなもの。まさに「悪用してください」とお願いしているのと同じである。

もし、すでにネットに自分の写真を掲載したことがあって、その写真がどこかで悪用されていないか心配ならば、**Google画像検索**で調べてみるといい。ネット上に転載されていれば発見できる。

世の中には社長や社員の写真を掲載しているサイトがたくさんある。それは仕事上の写真であり、もし、それらの写真が無断で流用されたら、その対処は会社が行うことになる。ところが個人の場合は、その対処を自分がやらなければならない。責任を負えないなら、いくら自分の写真でも掲載はやめよう。

Point!
悪用される。
自己責任を問われる。

? 悪ふざけ写真の掲載

悪ふざけ写真をネットに投稿！友達も大いに笑ってくれるはず！

加害者

仲間うちでは自慢話や笑い話になることでも、ほかの人が見えるところにアップすると大変なことになる。

ツイッター、**ブログ**、**ネット掲示板**を見ているのは、友達だけではな

い。**フェイスブック**も特に設定しないで使っていると、すべての人に公開された状態になっている。**ＬＩＮＥ**でも友達が友達に転送して、結局は多くの人に広まってしまう。

他人に見られていることを想像できない、愚かな者が悪ふざけ写真を投稿するので、ツイッターは別名**バカッター**とか、**バカ発見器**とか言われている。

「店の冷蔵庫の中に入っている写真」「バイト先の食材で遊ぶ写真」「未成年者の喫煙・飲酒写真」「線路でのピース写真」など、人が見ていることを想像できずに悪ふざけ写真を投稿すると、炎上して大変な目にあう。説教されるとか、補導されるというのは、自業自得だろう。でも、自分の責任を超える事態になることもあるのだ。

ソバ屋のアルバイトが食器洗浄器に頭や足を入れた写真を投稿[注2]し、当然のように炎上した。店は営業停止に追い込まれ、ついには倒産してしまった。こうなったら、「ごめんなさい」では済まされない。**悪ふざけは、しない、撮らない、載せない。**自分のバカさ加減を世の中に広める必要はない。あなたが学生ならば就職にも影響するし、一度問題になったら、半永久的にネット上に残ることになる。

自分も親も子供も、一生の笑い物になる。

Point

！ツイッターはバカッター。みんなに見られている。

4

? キャラクターの掲載

プロフィール写真に大好きなキャラクターを使っているけど？

加害者

ＳＮＳでの自分のプロフィール写真に、お気に入りのキャラクターを使っていないだろうか？　サンリオのキティ、ディズニーのミッキーやミニーなど、有名なキャラクターは

プロフィール
NAME：〇〇〇
休日は映画観賞
最近はアロマオイルにはまって、おすすめのブレンドも紹介します！
どんな画像を使っている？

どれも商標として特許庁に登録されている。これらの写真を使用するには申請が必要なのである。キャラクターは**商標権**を持つ会社が独占して利用することができる。ほかの人は無断では利用できない。

特にディズニーはキャラクター管理が厳しいことで有名だ。日本のある小学校で、卒業生が卒業記念として低学年用プールの底に、ミッキーとミニーの絵を描いた（1987年）。これを知った日本ウォルト・ディズニー・プロダクションが、「消さなければ訴える」と小学校に迫った事件があった。校長は「営利目的ではないのだから」と頼んだものの聞き入れられず、泣く泣く塗りつぶすことになったのである。これに対してディズニー側は「無断使用は一切認められない」とコメントしている。

現実的には、キャラクターを金儲けに利用していない限り、会社がいきなり一般利用者を損害賠償や差し止めで訴えることはないだろう。まず、メールや文書で警告が行われるので、すぐに削除して謝罪すれば大事にはいたらない。でも、だからといって、警告されるまで放置するのは考えものだ。

自分のプロフィール写真には、自分で撮った写真を使うか、もしくは**著作権フリー**となっているイラストを使うとよい。ただし、たとえ著作権フリーであっても、原則として加工はできないので、そのまま使うことを心がけよう。

Point！
キャラクターは勝手に使用できない。商標権の侵害となる。

5

？動画（着替え動画、イジメ動画）

友達のナマ着替え。動画に撮ってネットに投稿だ！

加害者

誰もがスマホを持ち、いつでも誰でも撮影できるようになった。

それにより、重大ニュースの映像を一般人がスクープすることもある。

でも、何を撮ってもよいというわけ

この動画って…
D組の着がえの盗撮！？
どうにかしないと！

ではない。人に見られたくない場面は、基本的に撮ることも公表することもアウトだ。
人に見られたくない場面を動画に撮って投稿するのは、嫌がらせやイジメにもなる。本人に無断で撮影すれば**肖像権の侵害**になるし、**盗撮**になる恐れもある。また動画をネットに投稿すると、**プライバシーの侵害**や、**名誉毀損**になったりする。スマホでの動画撮影は手軽でありながら、何を撮るのかについては注意が必要なのである。

女友達が着替えているところを撮影して、その動画をネットに投稿した大学生がいる。着替えは人に見られたくない場面である。そんな場面を撮影し、投稿したために、大学生はその女性に対する**名誉棄損**の容疑で逮捕[注3]された。

自分のスマホに動画を保存した時点では、「ゴメン」で済んだかもしれないけれど、ネットに投稿すれば犯罪になってしまうのである。

もし、これが更衣室での盗撮だった場合は、**軽犯罪法**（第7章・注10）の違反になる。また、スカート内の盗撮であれば、**迷惑防止条例違反**（第7章・注11）で逮捕や罰金にもなる。

撮って良いものの悪いものは、本人が見られて良いものか悪いものかで判断しよう。

Point！ 逮捕や補導もあり。見られたくない場面は撮らない。

6

? 加工したアイコラ

アイコラが上手にできた。この腕前をネットで見てくれ！

加害者

ネットからはアイドルや芸能人の写真がたくさん手に入る。それらの写真を個人の趣味としてコピーしたり、ダウンロードすることは自由だ。ところが、それらをネットに掲載す

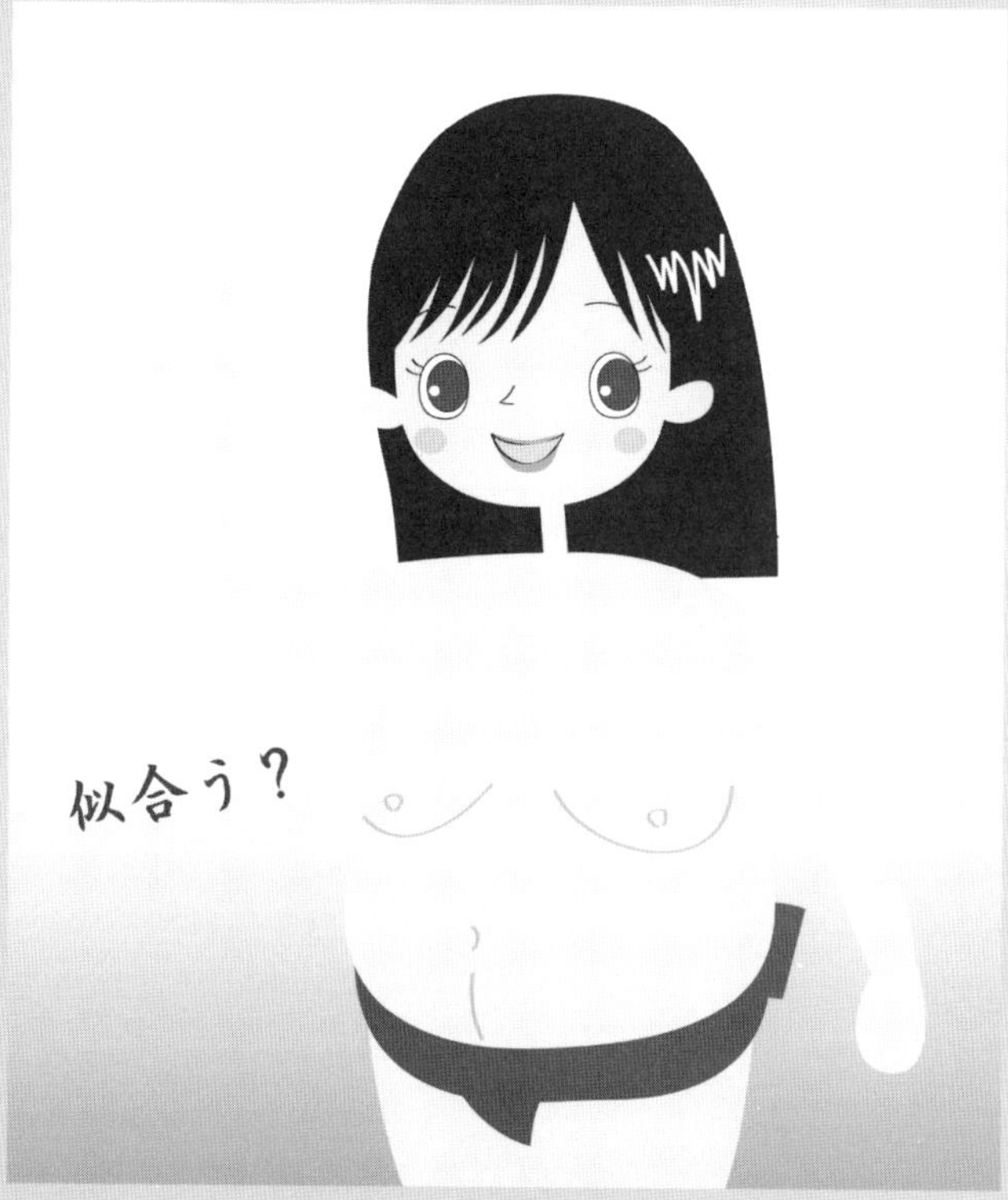

ると違反になる。そのときに、合成や加工をしていると、さらに問題は大きくなる。アイドルの写真を加工する**アイドルコラージュ**、略して**アイコラ**は特に危ない。

脱いだはずのない清純派アイドルのヌード写真を、ネットで見つけてビックリすることがある。まるで本物のような見事な編集である。**画像編集ソフト**を使えば、誰でも簡単に写真の合成ができるのだ。たとえ着衣姿の写真からでも、ヌード写真を作り上げることができるというから驚きである。

写真をネットからゲットすることは自由だし、加工も編集も個人の自由だ。ヌード写真に合成することも、女友達から引かれることは別として違法ではない。でも公開は自由ではない。**著作権法**違反、**肖像権**侵害、**パブリシティ権**[注4]侵害、**侮辱罪**、**名誉棄損罪**などアイコラのアップには多くの危険が伴う。それにも関わらず、ネットには大量のアイコラがある。なぜかというと、被害者が訴えない限り事実上の黙認になるからだ。これを**親告罪**[注5]という。

また、有名人のアイコラだけがアウトではない。もちろん一般人の写真でも、名誉を損なうような編集をしてアップすると、有名人の場合と同様に問題になる。

やはり悪趣味の加工は、やらないに越したことはない。

Point !
アイコラをアップしてはいけない。一般人の写真も同様である。

7

? スキャンしたコミック

自分が買った本なのだから、ネットへの掲載は自由だ！

加害者

「自分がお金を出して買ったコミックなのだから、自分の物である。自分の所有物を破ろうと、捨てようと、ネットに載せようと、自分の自由だ！」

と思ったら大間違い。自分の所有物なのだから、破ってもいいし、捨ててもいい。でも、ネットに載せると**著作権法違反**[注6]になる。

お金を出して買った本は、もちろん自分の物だ。ところが、その本の著作権は自分のものではない。そこを勘違いしてはいけない。勘違いしてネットに掲載すると大変なことになる。

人気マンガ「ＯＮＥ ＰＩＥＣＥ」を、ＹｏｕＴｕｂｅにアップロードした名古屋市の中学3年生が、著作権法違反容疑で逮捕[注7]された。所有物であっても、ネット掲載はできない。

私的使用が目的ならば、買ったコミックをコピーすることもできるし、スキャンすることもできる。本をスキャンして画像データにすることを**自炊**という。自炊で電子化しておけば、場所をとらないし、本が汚れることもないし、スマホに入れてどこにでも持って行ける。いいことだらけだ。

ここまでは違法ではない。ところが、電子化すれば簡単にネットにアップできるようになる。それがいけない。

コミックは著作物なのでアップすると著作権法違反になる。所有物であってもアップしてはいけない。自炊したコミックは、自分1人だけで楽しもう。

Point！
法律違反。本は著作物です。

8

録画したTV番組

テレビのワンシーン。見逃した人のためにネットにアップ！

加害者

YouTubeのような動画投稿サイトには、テレビ番組の映像がたくさん投稿されている。

サッカーのゴールシーンだったり、ドラマのワンシーンだったり、フィ

生きていたのね！
ずっと一緒だ！
ドラマ無料動画
＜最終回＞

ギュアスケートのフリー演技だったり……。見逃した人にとってはありがたいことだ。おかげで後から何度でも見直すことができる。

このようなネットに投稿されたテレビ番組を、視聴することは違法ではない。しかし、アップすることは違法なのである。テレビ番組の制作には多くの人が関わっている。脚本家、出演者、テレビ局、制作会社、作曲家、作詞家、演奏者、歌手など多くの関係者の権利のかたまりである。視聴はいいけれど、勝手な利用はできない。

ＹｏｕＴｕｂｅの動画を見ようとすると「削除されました」と表示されることがある。テレビ番組の投稿は違法なので、テレビ局からの要請で削除されているのである。

著作権の侵害には意外と重い懲罰[注8]がある。あれほど多くのテレビ番組が違法に投稿されているのに、逮捕されたというニュースを聞かないのは、著作権侵害が**親告罪**だからだ。被害者が訴えない限り、逮捕も罰金もないのである。

現実的には大量のテレビ番組を投稿するとか、何度警告されても繰り返すというような悪質なケースでない限り、今のところ逮捕はなさそうである。

Point! 法律違反。テレビ番組は著作物です。

9

ピース写真

気の合う仲間と一緒に写真。ここで基本のピースサイン。

被害者

写真を撮られる時のお決まりのポーズが**ピースサイン**だ。本来は勝利をアピールするVサインだった。今ではあごに当てて小顔に見せたり、目の近くにかざして目じりのシワを

隠したり、両手を使えばダブルピースと応用がきく。でも、ちょっと待って！　このポーズがあなたの大切な情報を公開してしまっている。それは、**指紋**だ。指紋が盗まれたら大変なことになる。他人になりすまされるからだ。スマホには指紋認証が使われているし、空港での入国審査にも使われている。ドアのカギの代わりになっている所もあれば、パソコンのパスワードになっている例もある。

スマホやデジカメの性能がとてもよくなったために、通常のスナップ写真の距離で撮った写真からでも、立派に指紋を復元できるようになった。画質が高精度なので、指紋パターンが見えてしまうのだ。こうして得られた指紋パターンをゼラチン状の物質で再製すれば、ニセの指が出来上がる。

実際にニセの指紋テープを指に貼って、成田空港でのチェックを通過した女が逮捕されている。指紋が盗まれることで一番怖いのは、パスワードならば変更できるけれど、指紋は変更できないということである。指紋は変えることができない一生モノの個人情報なのだ。

これからは写真を撮られる時には指を隠そう。ただし、「指紋を撮られないように」と、手の甲を相手に向けた裏ピースはアウト！　このポーズは「クソッタレ！」という意味で、相手を侮辱するポーズになる。

Point！　指紋が再製される。指紋認証も破られる。

10

デジタルタトゥー

やんちゃな悪ふざけ写真をネットに載せて盛り上がろう。

不健全

ツイッターは、**バカッター**、または、**バカ発見器**といわれる。それはバカなことをして、その姿を投稿している人が多いからだ。「ふざけて電車の線路に立ち入る」「未成年

保護者の名
保護者の勤め先
学校名
住所
兄弟姉妹
氏名
電話番号

なのにイキがってタバコを吸ってみる」「未成年なのに卒業式の日に仲間とビールで乾杯する」……。やってはいけないことを、わざとやれば仲間うちで盛り上がること請け合いだ。

「人に迷惑をかけなかったら、何をやってもいいでしょ？」それに対しては「そうだね」とはいえない。ネットに掲載した時の代償があまりに大きいからだ。匿名で投稿したとしても、ひとたび炎上すれば、氏名や住所、顔写真、学校名など個人情報が暴かれ、あっという間に拡散する。本人だけでなく、兄弟姉妹の氏名、学校名、保護者の氏名、顔写真、勤め先、勤め先の連絡先までが公開されることがある。すると勤め先にまで抗議の電話が入ることになる。

学生であれば、やがて就職活動をする時期が来るだろう。現在、採用担当者がその学生の素顔を、ＳＮＳやブログで調べるのは常識になっている。学生側も、就活の時期になったら問題のある自分の投稿を消すだろうが、拡散した問題画像までは削除できない。これを**デジタルタトゥー**という。消すことのできないネット上の入れ墨である。また、この先、結婚することになった場合、先方の親は「相手はどんな人？」と、ネットで調べるだろう。

「人のウワサは75日」。でも、ネット上の入れ墨は、死ぬまで消えない。死んでも消えない。

Point！ 社会的制裁が一生続く。進学、就職、結婚に影響することも。

11

? 人物写真の掲載

女子会の写真をSNSに投稿して仲良しアピール。

被害者

スマホが普及して多くの人がSNSを使い始めた。今やSNS花盛りだ。ご飯を食べれば写真を撮って投稿し、旅行に行けば写真を撮って投稿し、とにかく何かにつけて写真を撮ってSNSに投稿している。そし

て、**インスタ映え**する写真には、「いいね」が集まる。

危ないのは、人が写っている写真を気軽に投稿することだ。その写真に写っている人が被害者になり、投稿した人が加害者になってしまうことを知ってほしい。自撮りならば自業自得といえるかもしれない。しかし、迷惑なのは、写真に写っている関係者だ。無断で投稿されたのではかなわない。その写真が悪用される恐れがあるからだ。

ネットに写真を掲載するということは、悪人に「どうぞ悪用してください」と差し出しているのと同じなのである。いったんネット上に掲載されると、技術的には「コピーして利用する」ことが簡単にできるようになる。だから、もし投稿するのならば、悪用されることを覚悟しなければならない。

どんなふうに悪用されるのかというと、キャバクラのチラシに使われたり、出会い系サイトのプロフィール写真に使われたり、セフレ（セックスフレンド）募集のおとり写真に使われたりする。

アプリの性能もいいので、たとえ服を着た状態の写真でも、簡単にヌード写真に編集できる。ネットを見るといい。このように裸にされた女性芸能人の多さに驚くだろう。そんな写真をネットでバラまかれたり、ネット掲示板に転載されたりして、笑い者にされるという被害にあうのだ。


Point!

キャバクラのチラシに使われたり、出会い系の写真に使われたりすることも。

12

？自撮り写真

匿名なんだから私の情報なんかわかるはずがないでしょ？

被害者

「テレビの再現ドラマを見ていたら、母校のグラウンドが使われていた」と、ある人が話していた。風景の記憶は案外と忘れないものだ。たとえ、学校名が出ていなくても、卒

業生が見たら風景の一部だけで母校だとわかってしまうことがある。ネットの書き込みについても同様だ。「自分の名前を書いてなければ大丈夫」「住所を書いてなければ大丈夫」という考えは能天気すぎる。ネット内の情報をあちこちから集めれば、いろんなことがわかってしまうこともある。

まず、投稿写真から、場所が特定されることがある。写真の風景、建物、看板、店の外観、貼紙などがヒントになって、「あっ、あそこだ！」と気がつく人がいる。あなた自身が写真を投稿していなくても、友達があなたの写った写真を投稿してしまうこともある。すると、その写真から、あなたがいた場所を知られてしまう。また、ネットには**類似画像検索**という機能がある。この機能を使えば、ネットの中にある似た写真を探し出すことができてしまう。

コメントであなたの好みがバレる。「○○が楽しかった」とか、「○○はおいしかった」とか、「○○に来ました」などと、投稿したことはないだろうか？　これらは自分の好みを知らせていることになる。また、友人があなたの愛称や、あなたに関するコメントを書くこともあるだろう。自分が気をつけていても、友達があなたの日常生活や趣味や好みを、会話のように書いてしまうのである。プライバシーや個人情報は、意外と関係者から漏れている。

Point ! 写真の背景がヒントになることもある。友達のコメントも危ない。

column コラム 3

出会い系にしないLINE設定

LINEでのトラブルを回避するためには、次のように設定しましょう。

◉1　登録時に「アドレス帳を送信しない」を選択する。
◉2　電話帳を「自動更新なし」にする。
◉3　「友だち自動追加」をオフにする。
◉4　「友だちへの追加を許可」をオフにする。
◉5　「IDの検索を許可」をオフにする。
◉6　「メッセージ通知の内容表示」をオフにする。
◉7　友人ごとに公開・非公開を設定する。
◉8　タイムラインの「新しい友だちに自動公開する」をオフにする。
◉9　「知り合いかも」表示を「しない」に設定する。

そして、

◉1　非公式LINEアプリ・掲示板を利用しない。
◉2　知らない人からの接触には、ブロック機能を使う。
◉3　一方的にトークが送られてきた場合は「通報」をクリックする。

【第4章】

ダウンロードの危険

?

1

音楽のダウンロード

無料音楽サイトからヒット曲をダウンロードした。

加害者

あなたのスマホに入っている音楽は、どこから来たものですか？

音楽を購入するとお金がかかる。でも、無料音楽サイトからダウンロードすればタダだ。

そんなサイトからゲットした音楽

無料音楽サイト見つけた。
ダウンロードしよう！

が入っていませんか？
２０１２年10月１日に**著作権法**が改正されて、違法にネット掲載された音楽をダウンロードすることが罰則の対象になった。これからは、**２年以下の懲役または２００万円以下の罰金**が科せられる。

たとえ私的使用の目的でダウンロードしても違法になる。自分のスマホだけで使うと言ってもダメである。とにかくダウンロード自体が違法なのである。

ところがここには法のスキマがある。実は、ネットにつないで音楽を聴くことは違法になっていない。ダウンロードは禁止されているけれど、聴くだけならばセーフなのである。

でも、この方法で店のＢＧＭとして音楽を流すと、話が違ってくる。音楽の商用利用になるからだ。たとえ自分で購入した音楽ＣＤであっても、店で流せば著作権法違反になるのである。

無断で音楽を掲載している違法サイトは、著作権法に違反している。そんな違法サイトを利用することは、悪事を応援しているようなものだ。

聴くだけならば違法ではないとはいえ、違法サイトでは詐欺サイトへのリンクが貼られていたり、ウイルスを送り込まれる危険が潜んでいたりするので、そもそもアクセスしないほうが安全だ。

Point！ 音楽のダウンロードは法律違反。著作権法が改正された。

2

? 映画のダウンロード

無料映画サイトから名作アニメをダウンロードした。

加害者

違法に掲載されていると知りながら、映画をダウンロードすると著作権法違反になる。２０１２年10月１日の著作権法の改正では、音楽だけでなく、映画のダウンロードも、２年以下の懲役、または２００万円以

下の罰金になった。著作物の中でも、特に映画は特別扱いされているので要注意だ。ほかの著作物の保護期間が50年であるのに対して、映画だけは70年である。

また、映画館内での録音・録画は私的使用の目的であっても、**映画盗撮防止法**[注1]で禁止されている。だから、映画館で憧れの俳優の生声をスマホに録音すると、違法になってしまう。実際に、「上映中の映画の音声を携帯電話に録音した」として男性が検挙された（2011年1月）。

では、個人がスマホで撮ってYouTubeに投稿した動画は、ほかの人がダウンロードしてもいいのだろうか？　これはOKだ。著作権法が禁止しているのは、**有償著作物**のダウンロードである。個人が撮影したビデオは、無料だから対象外になる。私的使用の範囲であれば、ダウンロードできる。

また、ネットに接続して映画を観るだけもセーフだ。ちなみに、一般の人が出入りする店でテレビ放送を放映する場合には、著作権者（テレビ局など）の許諾が必要になる。ただし、抜け道がある。家庭用テレビを使う場合は、公衆でテレビ放送を放映してもよいことになっている。だから、スポーツバーやスポーツカフェでは、家庭で使う程度のテレビを使っていれば問題はない。また、巨大スクリーンでテレビ放映を行う**パブリックビューイング**も、非営利であれば著作権者の許諾が不要である。

Point！著作権法が改正された。映画のダウンロードは法律違反。

3

PVのダウンロード

プロモーションビデオをダウンロードした。

問題なし

ネット上には音楽会社や映画会社が宣伝のために作った、**プロモーションビデオ**（PV）がたくさんある。

これらの音楽PVや映画PVをダウンロードしてもよいのだろうか？

宣伝のために作られた非売品だか

ら、ＰＶには値段がついていない。そもそも多くの人に見てもらうために作られたビデオ映像だし、お金を取っていないけれど、著作権法は音楽と映画のダウンロードを禁止しているから、やっぱりダメなのだろうか？

著作権法では、私的使用の目的であっても、**有償著作物**をダウンロードすると2年以下の懲役、もしくは200万円以下の罰金、またはこれを併科としている。

ただし、著作権法はすべての音楽や映画のダウンロードを無条件に禁止しているのではなく、違法に掲載されていると知りながら、有償著作物をダウンロードすることを禁止している。

ということは、ＰＶが有償著作物であるのかどうかがカギになる。この有償著作物とは、**録音・録画されて有償で公衆に提供される著作物**をいう。有料でインターネット配信されている音楽やＤＶＤとして販売されている映画は、まさに有償著作物である。

ところが、宣伝のために作られたＰＶは、有料で配信されているものではない。だから有償著作物ではない。

つまり、ＰＶのダウンロードは違法ではないのである。

Point！ ＰＶのダウンロードは著作権法に違反しない。

4

？ 無料アプリのダウンロード

便利な無料アプリがあった。これはお得だね！

被害者

アンドロイドのアプリには**不正アプリ**がたくさん紛れ込んでいる。[注2] なぜかというと、アンドロイドのアプリは流通させる前の審査がゆるいからである。審査があってないようなもので、誰でも登録して簡単に公開

そのアプリは大丈夫？
iPhone
Android

できる。だから悪意を持って作られた不正アプリが紛れ込むことがある。便利で無料のアプリが公式のマーケット[注3]にあったとしても、安全とはいえない。調べもしないで不用意にダウンロードするのは危険だ。

スマホのOSは大きく分けて、**アンドロイドとiOS（iPhone）**がある。アンドロイドに比べると、iOSのアプリはかなり安全だ。iPhone対応のアプリは、すべてアップルストアから入手することになる。ここでは専門家による厳しい事前審査あるので、まず不正アプリはないと考えてよい。

アンドロイドでは、スマホから電話帳データを抜き取る不正アプリが問題になったことがある。この不正アプリは約3700万件のメールアドレスを集めたという。こうして集めたメールアドレスを悪用して、サクラサイトに誘導するメールを送りつけていたのである。自分がいくら自分の情報を守っていても、こんな形でほかの人のスマホから自分の情報が流出することもある。

アプリの安全性は、見ただけではわからないけれど、評判を確かめてみればすぐにわかる。アプリ名でネット検索してみよう。もしも、不正アプリだとしたら、ほかの利用者たちが警告しているはずだ。

Point!
アンドロイドならちょっと待った！
評判をチェックしよう。

5

コミックのダウンロード

無料漫画サイトから人気マンガをダウンロードした！

不 健全

著作権法は、違法に掲載された音楽や映像のダウンロードを禁止している。でも、ここにも法のスキマがある。

逆にいうと、音楽と映像以外は禁止していないということなのである。

つまり、コミックも、小説も、イラストも、写真も、私的使用が目的ならば、法律の上では何をダウンロードしてもよいことになっている。たとえ違法に掲載されているコンテンツであっても、ダウンロードは違法ではないのである。

今までビクビクしながらエロ画像をダウンロードしていた男子たち。その行為は法律に違反しているのではなく、ただ単に見つかったら恥ずかしいことをしていたのである。

コミックをスキャンしてアップロードする行為はもちろん法律違反である。ところがそのコミックをネットで読むことも、ダウンロードすることも違法にはなっていない。だからといって、ネットのコミックをダウンロードすることはオススメできない。無断でコミックを掲載しているサイトは違法である。そんなサイトを利用するのは、違法行為を応援しているようなものだ。

また、このような違法サイトへのリンクを貼ることも、危ない行為だ。違法行為をしているサイトと知りながらリンクを貼った場合は、**著作権侵害のほう助罪**を問われかねない。

音楽もコミックも苦労して作られた作品だ。もし、違法に掲載しているサイトに出会ったら、著作者の気持ちを思いやって、利用せずに通り過ぎたいものである。

Point! **違法ではない。ダウンロードは禁止されていない。**

6

? アブナイ画像のダウンロード

ネットから激ヤバ画像をスマホに保存！

不 **健全**

画像については、どんなにヤバイ画像であっても、法律はダウンロードを禁じていない。その画像がたとえ違法の画像であっても、**私的使用**のためのダウンロードは、刑法にも著作権法にも触れない。アブナイ画

像のダウンロードを禁止する法律はないのだ。

私的使用とは、**自分だけの個人的な使用**ということである。趣味ならば激ヤバ画像を集めようと、個人の自由ということだ。わいせつ画像も、児童ポルノも、残虐画像もである。ネットに掲載すれば逮捕されるようなヤバイ画像であっても、ダウンロードについては罰金もなければ懲役もない。まさに無法状態だ。

ただし、許されるのは私的使用という目的のときだけである。**販売、提供目的**で画像をダウンロードすると著作権法違反になるし、その画像がわいせつ物だったら刑法に違反し、児童ポルノだったら**児童ポルノ禁止法**（第7章・注13）の違反になる。

私的使用ならばどんな画像でもダウンロードできる。だから、「違法でなければ、また、人に迷惑をかけなければ、何をやってもいいのか？」というと、そうではない。

法律に違反していなくても、人に迷惑をかけてなくても、やってはいけないことがある。それは**エチケット**、**マナー**、**モラル**に反することである。これらは**良識**ともいわれ、その人の品格や教養が問われる。人としてどうなのかと考えたならば、違法画像のダウンロードは、もちろんオススメできない。


Point！

画像のダウンロードには制限なし。だが良識の問題。

column コラム 4

スマホは誰のもの？

日本には、「児童福祉」「児童保育」「児童手当」「児童ポルノ」という言葉があります。いったい何歳までが児童なのか知っていますか？

小学生はさすがに児童ですね。中学生も義務教育期間だから、児童といっていいかもしれない。では、高校生はどうでしょう。児童の年齢は法律で定められていて、日本では、18 歳未満が児童です。つまり、17 歳の高校生は児童なのです。

児童は法的に保護されている代わりに制限もあります。自動車運転免許は取れません。深夜労働（夜 10 時から朝 5 時まで）も禁止されています。劇物の購入や出会い系サイトの利用もダメ。そして、契約行為もできません。

つまり、スマホの契約はできないのです。

スマホは、お金を持って行けば買える、自転車やゲーム機とはワケが違うのです。渡してしまえば子供の所有物になるのではなく、子どもに持たせても契約した親の所有物です。成人して、自分で契約するまでは、親が子供に貸していると考えるべきです。そのことをはじめにしっかりと確認しておくようにしましょう。

>>> 深夜労働について

労働基準法により、18 歳未満の者を午後 10 時から午前 5 時の時間帯に、労働させることはできない。また、中学生以下の児童については、午後 8 時から午前 5 時の時間帯に労働させることはできない。

【第5章】

サイト利用の危険

KEEP OUT !
POLICE

お客様の登録が
完了しました！
50000円
2日以内に下記口座へ
振り込みをしてください。
え!?

ワンクリック詐欺

クリックしたら入会したことに。自分の住所を知られてしまった？

被害者

アダルトサイトや怪しいサイトで、画像や映像を見ようとしてクリックすると、いきなり料金請求の画面が出てビックリすることがある。これは**ワンクリック詐欺**だ。最近のワン

お客様の登録が
完了しました！
50000 円
2 日以内に下記口座へ
振り込みをしてください。
え⁉

クリック詐欺は巧妙になっていて、ツークリックやスリークリック、ときにはフォークリック詐欺になっていることもある。

ネットではワンクリック詐欺のサイトにアクセスさせようとして、さまざまな手が使われている。その1つはメールである。「大切なお知らせです」「ご確認ください」「あなた宛のメッセージをお預かりしています」というメールにURLが記載されていて、アクセスするとそこは詐欺サイト。

2つ目はサイトへのリンクがある。SNSやネット掲示板に「詳しくはこちら」としてリンクが貼られている。そこをクリックすると、やはり詐欺サイトにつながる。

アダルトサイトにあるボタンも地雷みたいなもので、むやみにクリックすると被害にあう。

もし、ワンクリック詐欺の画面が出てもあわてる必要はない。それ以上のクリックをせず、インターネットを終了すればよい。**クリックしただけで氏名、住所、電話番号を相手に知られることはない。**

詐欺のサイトにアクセスしたことで、ウイルスを送り込まれることもある。それは起動時に何度も請求画面を表示するというウイルスである。「画面を消してほしければ、入金してパスワードをもらえ」と表示される。こうなるとウイルスを駆除しなければならないが、もちろん入金など必要ない。

Point！ 住所を知られることはない。無視してよい。

2

? 無料サービスに登録

メアドを登録した。無料だから大丈夫！

被害者

ネットには無料サービスのサイトがたくさんある。「無料の占い」「無料の懸賞」「無料のゲーム」などなど。

これらのサービスを利用するためには、登録が必要な場合がある。氏名やメールアドレス、ときには住所や、電話番号までも求められること

がある。

気をつけなければいけないのは、**おとりサイト**があることだ。無料であることをエサにして、個人情報を収集しているのである。そんなサイトに入力してしまうと、すぐに悪用されて翌日から1日100件以上の迷惑メールが送られて来ることもある。

迷惑なだけならまだしも、被害にあうこともある。「当選した商品を受け取るために必要」と言われて個人情報を入力したら、出会い系サイトに登録したことになった事例もある。この手口を**釣り上げ**という。無料の懸賞サイトと見せかけたおとりサイトだ。入会金を請求され、退会を申し出たら、今度は「退会のための費用を払え！」と言われて、さんざんな目にあう。

ネット上での氏名やメールアドレスの入力は慎重にしたい。個人情報の入力は信用できるサイトに限ることだ。どうしても利用したいサービスがあり、そのサイトが信用できるのかどうか判断できないときは、そのサイト名や会社名を**ネットで検索**してみよう。

もしも、危ないサイトだったら、被害にあった人が評判をネットに書き込んでいるはずだ。

Point! 悪用されることがある。無料は罠かも。

3

有害違法サイト

？ネットにだって監視している警察がいるんでしょ？

被害者

現実社会は危ない。犯罪や事件が絶えない。だが残念ながら、ネット社会はもっと危ない。街中をパトロールしているパトカーが、ネット社会の中も走っていればよいのだが、実際はそうはいかない。

ネット上を監視する取り組みは、警察、自治体、NPOなどで行われているものの、いかんせんサイトの数の方がはるかに多くて、監視体制はとても追いついていない。現実には、誰も守ってくれていないと思った方がよい。スマホを無防備に使っていたら、自殺ほう助、出会い系、アダルト、闇のバイト、復讐、詐欺など危ないサイトの危険にさらされることになる。

インターネットが社会に普及してから歴史は長くない。ショッピングやオークション、ネットでの予約・注文など、いろんなことができるようになった。コミュニケーションのサービスも、mixiが出たと思えば、スカイプ、フェイスブック、ツイッター、LINEと、毎年のように新しいSNSが生まれている。新しいサービスが生まれると、それを悪用した犯罪が現れ、多くの人が被害にあう。被害者が多く出て、社会問題になってから、ようやく法律が整備される。

ネットに対応した法律ができるのは常に後手なのだ。法律がしっかり整備されて、人々が安心してネットを使えるようになるのは、まだまだ先のことである。それまでの間、私たちは被害者にならないように知識を持って、自分の身は自分で守らなければならない。

本書はそのお手伝いをしているのです。

Point！
ネットは事実上の無法地帯
自分の身は自分で守る。

4

見ただけでウイルス感染

呪いのビデオじゃあるまいし、見ただけで感染するもんか！

被害者

メールを読んだだけで感染するウイルスや、サイトにアクセスしただけで感染するウイルスがある。

まるで見ただけで呪われる「呪いのビデオ」のようだ。

ウイルスに感染するルートはいくつもある。代表的なルートが、**メールに添付されたファイル**だ。知らない人から送られてきた添付ファイルは、「毒入りリンゴ」を疑った方がよい。ほかにもフリーソフトと一緒にインストールされることもある。無料のゲームを使っていたら、更新プログラムに紛れて後から自動的に入り込むというウイルスもある。

怖いことに、「メールを開いただけで感染するウイルス」や、「ホームページにアクセスしただけで送り込まれるウイルス」もある。クリックしただけで感染するウイルスとは、このタイプのウイルスのことである。でも、仕事上のメールは、はじめてのお客様からも来るので、知らない人からのメールだからといって、無視するわけにはいかない。メールは読まなければならないし、添付ファイルも開かざるを得ない。

こんなときにウイルスから身を守ってくれるのは、**ウイルス対策ソフト**である。トレンドマイクロによると、毎日100万種のウイルスが生まれている。ウイルス対策ソフトを今日インストールしても、明日からの100万種からは守られてない。更新していなければ、スマホもパソコンも丸裸状態で使っていることになる。だから、ウイルス対策ソフトは、毎日の更新が必要なのだ。

Point! **見ただけで感染するウイルスもある。**

5

? 人のパスワードの使用

仲のいい友達のパスワードを拝借…。問題ないよね?

加害者

他人のID・パスワードを使うことや、第三者に無断で教えること、ネットに書き込む行為は、法律違反[注1]となる。

他人のID・パスワードを使うのは、マナー違反というよりも犯罪な

このサイトで買い物したいんだけど
IDとパスワード貸してくれない?
ちょっと使うだけ…
!?
C子のなら知ってるよ!
教えてあげようか?

のだ。

ネットを使うためのＩＤとパスワードは大切な物なので、貸し借りをしてはいけない。人のＩＤ・パスワードを勝手に使うこともいけない。

「ちょっと自転車を借りる」とか、「筆記用具を借りる」というのとはワケが違う。

他人のＩＤ・パスワードを使うことは法律違反なので、それがたとえ子供でも許されない。

他人のパスワードを使ってネットゲームをした小６、[注2] また、他人のＩＤ・パスワードを使って不正接続していた小６女児など、[注3] **不正アクセス禁止法**違反の非行事実で児童相談所に通告されている。

もしも本人の了解があってＩＤ・パスワードを使用した場合は、無断ではないので不正使用にはならないけれど、そのときに知ったＩＤ・パスワードを別の機会に無断で使ったり、第三者に教えたら、やっぱり法律違反になる。

親しい友達だからといって、ＩＤ・パスワードを教えると後でトラブルの元になる。何でも話せる仲であっても、これだけは秘密にしておこう。

人のパスワードは「見ない、借りない、教えない」を守りたいものである。

Point! **無断で使えば法律違反。パスワードは、見ない、借りない、教えない。**

6

? レポートに引用

ネットから無断で引用。いいレポートができた！

問題なし

レポートや宿題を書くためにネットで調べ物をしていたら、参考になるサイトが見つかった。これを無断で使ってもいいのだろうか？

ネットで見つけた他人の文章、表、グラフ、写真、イラスト、図はレポ

この表、参考になる！
こっちも引用しよう。
レポート

ートに**引用**することができる。**引用は著作権法で保障された行為**であって違法ではない。たとえ「無断転載禁止」と明記されていても引用はできる。まったく問題はない。

ただし、利用するときには気をつけよう。あたかも自分が作ったかのように使ったら、ただのパクリだ。パクリと引用は違う。ルールを守って、正しく引用してもらいたい。正しく引用すれば、事前も事後も断る必要はないし、了解をとる必要もない。つまり、そもそも引用は無断でやってよいのである。

正しい引用のルールは、次のとおりである。

［1］既に公表されている著作物であること　［2］公正な慣行に合致すること

［3］報道、批評、研究などの引用の目的上「正当な範囲内」であること

［4］引用部分とそれ以外の部分の主従関係が明確であること

［5］引用部分が明確になっていること　［6］引用を行う必然性があること

［7］出所を明示すること　［8］原則として引用部分を改変しないこと

（文化庁の見解より）

Point!

違法ではない。引用は法で保障されている。

7

?ステルスマーケティング

女優が勧めるなら私も使ってみようかな!

被害者

タレントのツイッターやブログからは、本人の言葉を直接聞くことができる。タレントは自分の声を直にファンに届けることができる。

ネットはお互いの距離を縮めた。

そんなネットで自分が憧れている

モデル子の
BLOG
おすすめ
○○のファンデーションにしてから
お肌の調子がいいの

タレントが、「○○を使ってみました。とてもよかった!」とつぶやいていたら、「私も使ってみようかな?」と思うのは当然のことだろう。でも、ちょっと待った! それは巧妙な宣伝かもしれない。

テレビで流されるCMは、明らかにCMだとわかる。一方で、ネットに「使ってみました。とてもよかった!」と書かれていた場合、個人の感想なのか宣伝なのかがわかりにくい。

しかも、ネットで有名人を利用した宣伝は、日本では違法ではない。その盲点を突いて、有名人に商品の評判を書かせる宣伝方法を、**ステルスマーケティング**という。

ネット上には、本当の情報もあれば、ウソの情報もある。ヤラセもあれば誇張もある。だから個人の書き込みについては、常にマユツバで読む必要がある。

たとえば、グルメサイトでお店に対するコメントを関係者に書かせることもできるし、質問サイトで「いい店ありますか?」「○○がオススメです」という自作自演もできてしまう。

ネットでの評判は、あくまで個人の感想と考えたほうがよい。片目をつぶって、半分信じて半分疑おう。ほかの人が「いい」と言っても、自分が「いい」と感じるかはどうかはわからない。

ネットを参考にしながら、自分の目で確かめるのが一番だ。

Point! やらせの宣伝かも。自分の目で確かめよう。

8

情報商材

必ずできる方法ならば、恋人がいくらお金を出してでも知りたい!

被害者

ネットで売っているものは物だけではない。知識やノウハウも売っている。「身長が伸びる方法」「必ず成功するダイエット」「パチンコ必勝法」「自宅で楽に稼げる得る方法」「女

必ず成功するダイエット
好きなもの食べてOK!!
1万円で秘密を教えます。
詳しくはこちらをクリック
-30kg
体験談 ○○様(25)

性を落とすテクニック」「モテる肉体改造術」なども売っている。

これらの情報は**情報商材**といって、ネットでは数千円から数万円で売買されている。

特にお金儲けに関する情報商材が多い。とても魅力的な情報だけど、これらにはマユツバで対応したい。「必ず当たる万馬券」とか、「100パーセント儲かる投資」のように、「必ず」や「100パーセント」をうたった時点で、すでに**景品表示法**[注4]に違反している。

肝心の内容はというと、テレビや本で紹介されているような内容であったり、現実的には言っている通りにすることが無理な方法だったりする。はっきり言って、金額に見合う内容ではないことも多い。「覚悟して買うべし」と言うよりも、むしろ積極的にはオススメできない。書店で買うノウハウ本のほうが良心的であり安価だったりする。

こんな物を中味も見ないで買うのだから、激しく**当たり外れがある**。期待通りの情報が得られる保証は、まったくない。しかも、責任の所在が不明だ。返品返金もはてしなく期待できない。利用するのならば、損を覚悟で買おう。コツとしては、捨ててもよい金額、ダマされてもあきらめがつく金額の範囲で買うこと。お金を捨てるのがイヤならば、情報商材には手を出さないほうがよい。

Point! 中味を見ないで買うのだから ハズレも覚悟すべし。

9

? ネット賭博

ギャンブル合法の国にネットで日本から参加したい！

加害者

日本では公認されているギャンブルがいくつかある。「競馬」「競輪」「競艇」「オートレース」「スポーツ振興くじ（toto、BIGなど）」「宝くじ」の6種である。それ以外の賭博は法律で禁止[注5]されている。

24時間いつでも
オンラインカジノ
777

たとえば、「ハンチョウ賭博」「野球賭博」はできない。ゲーセンに「ルーレット」や、「ブラックジャック」があったとしても、儲けたコインの換金は違法となる。また、「パチンコ」や、「スロット」は遊戯であって、法的にはギャンブルの扱いではない。その証拠に勝ったとしても店内では換金ができない。いったん店外に景品を持ち出して、交換所で換金するというのは、大人の事情があるからだ。

外国にはラスベガスのように、カジノが合法になっている国[注6]もある。だから、外国旅行の際にカジノで遊ぶこともできる。外国にはとんでもない高額のくじがあったりもする。

そんな国に日本からネットで賭博に参加すると、どうなるのだろうか？

インターネットのお陰で、国境に関係なく、日本にいながら外国の賭博に参加できる。インターネット時代に法制度が追いついていない分野の1つが、このギャンブルの分野なのである。

判例や学説は、「犯罪行為の一部分でも日本国内で行われれば、その行為に対して日本の刑法が適用される」と判断している。つまり、体が日本にあれば、原則として日本の法律が適用されるということである。

外国のギャンブルは、外国に行ったときにだけ、楽しんだ方がよさそうである。

Point！

体が日本にあれば、日本の法律が適用される。

10

？ ショッピング詐欺

ブランド品がこんなに安い！早い者勝ちだ！

被害者

ネットショッピングは便利で利用者が多いが、被害にあった人もまた多い[注7]。「目の前でお金を払い、品物を受け取る」というリアルな店舗での買い物であれば、客は確かめながら買い物ができる。ところがネット

ほしいバッグが安く売ってる！
でも、お店の日本語がヘン…
!?

ショッピングでは、商品や店員が見えないだけに、詐欺を働くチャンスがいっぱいある。ホームページに商品の写真が載っていても、本当に現物があるとは限らないし、お店の住所が書いてあっても、本当に店舗があるとは限らない。ネットショッピングとは、信用と危険の中での買い物なのである。

新品のブランド品を購入したのに、ニセ物が送られてきたり、キズモノだったり、中古品だったりすることもある。また、お金を振り込んだのに、品物が送られてこないこともある。相手が行方不明になって、連絡が取れなくなることもある。

お店のホームページが立派であっても安心できない。ホームページはどうにでも作れるからだ。実際の店をかまえていなくて、ネット上だけで商売をしている人も多い。良心的な商売をしている店もあれば危ない店もあり、ホームページだけで信用を判断することはとてもむずかしい。

特に先払いの場合はちょっと待ったほうがよい。振込先が個人口座なら、なお注意だ。個人口座への先払いというのは、被害が多いパターンである。

最初に少額の商品を試しに購入して、問題がなければ利用するという慎重さがほしいところだ。

Point

！

個人口座への先払いは要注意。信用できる相手ですか？

11

? クーリングオフ

万一のときにはクーリングオフがあるさ！

被害者

ネットでの買い物は便利である。自宅でショッピングができるのだから。

だが、「もしも、気に入らなかったら**クーリングオフ**[注8]すればいい……」なんて気軽に考えていないだ

ネットショップは返品できる？
!?
画面で見るより
色が暗いなぁ…

ろうか。

実は、ネットショッピングにはクーリングオフが適用されない。クーリングオフが使えるのは、**訪問販売**や**電話勧誘販売**などのときである。ネットでの買い物、カタログ通販、テレビショッピングは、クーリングオフの対象外なのだ。もしも、返品可・返金可になっていたとしたら、それは業者側の自主的なサービスである。法的な義務に基づいたものではない。

ネットショッピングでの返品トラブルをなくすために、**特定商取引法**が改正[注9]された。それによると、返品の可不可や条件を示した**返品特約**の表示がない場合は、原則として商品到着から8日間の返品が可能となった。ただし、返送にかかる送料は消費者の負担である。返品の条件や内容に関する表記は、認識できる場所にわかりやすく表記していなければならない。

ホームページ上のわかりやすい位置に、わかりやすく返品について説明しているかは、業者の信用度を判断する材料になる。

ほしい商品を見つけたら、返品について明確に説明しているかどうかを確認してから、購入した方が安全だ。


Point！ネット通販にはクーリングオフがない。

12

?オークション詐欺

第一入札者が辞退した。購入のチャンスだ！

被害者

オークションは、売りたい人と買いたい人との間で行われる信用取引だ。いいものを安く手に入れることができる反面、ネットでは詐欺が行われることがある。商品がないのにカタログの写真を掲載して出品し、入金させて逃げるというのは、代表

最高額入札者が辞退したので
落札していただけますか？
ラッキー！
自作自演

的なオークション詐欺だ。さらに巧妙な手口が**次点詐欺**である。

ほしい品物に入札しても、ほかの人が最高金額で入札すると、自分は落札できない。肩を落としていると、出品者から「第1入札者が辞退したので、2番目だったあなたに売りたい」というメールが来る。喜んで指定された銀行口座に代金を振り込み、品物を待つ。しかし、待てど暮らせど品物は送られてこない。出品者になりすましたメールだったことに気がついたときには、すでに相手にドロンされているという詐欺である。メールアドレスが漏れていると迷惑メールが来るだけでなく、このような詐欺にも使われてしまう。

オークションでは、これまでの落札者が出品者を評価したポイントがあるので、信用をはかる目安にはなる。しかし、評価ポイントの売買が行われていたり、自作自演でポイントを上げたりすることもできるので、評価ポイントを100パーセント信じることは危険である。あくまで目安だ。

オークションサイトには、詐欺にあった人のための**補償制度**が用意されているけれども、審査に時間がかかったり、全額保証でなかったりする。補償制度をあてにした買い物は、しない方がよさそうである。

Point!
次点詐欺もある。相手を確認しよう。

13

お試し商法

お試しだから無料らしい。今ならお得だ。すぐ申し込み!

被害者

タダほど高いものはないとわかっているのに、人はタダに弱い。うまい話はないと知っているのに、人はうまい話にダマされる。

化粧品や健康食品が「お試し期間

初回お試し500円!
うるうる
ぷるぷる
高級美容液
※ただし2回目以降は
1本10万円になります
これいいな!

だから無料です」といわれると、今、試さないと損をするような気持ちになるから不思議だ。さっそく申し込んで利用していたら、無料というのは初回だけで、いつの間にか有料に切り替わっていて驚いた……というのが、**お試し商法**という詐欺である。

「初回お試し価格500円」とあったので注文したら、最低4回購入という条件の定期購入になっていて、さらに2回目以降は3980円だったというケースもある。

ホームページをよく見ると、下の方に小さな字で「試用期間」や「条件」が書いてあったりする。スマホの画面は小さいので見落としやすい。申し込むと定期購入になっていて、料金を請求されるというのがお試し商法だ。そもそも消費者が明確に認識できないような表示は不当である。勘違いさせるような広告の掲載は、**景品表示法違反**（**不当表示**）でもある。

知っておいてほしいのは、ネットでの通信販売に**クーリングオフ制度**が適用されないということだ。原則として、返品や返金が保証されていない。申し込む前に契約内容や解約条件を確認する必要がある。スーパーに試食コーナーがあったときに、食べずに通り過ぎると損をしたような気持ちになるあなた、その心理が悪用されるから、気をつけよう。

Point! 無料は最初だけ。いつの間にか有料に切り替わる。

14

？インフルエンサー商法

憧れのあの人が使っているなら私も使ってみようかな？

被害者

ＳＮＳで多くのフォロワーを持っている人を**インフルエンサー**という。インフルエンザ患者のことではない。インフルエンサーは、ＳＮＳへの投稿を一度に大勢の人に見せることが

あ！ブログ更新されてる
○× ダイエット食品
美味しい 楽に痩せたよ
2週間で −5kg
○× 痩身
この人がおすすめしてるならよさそう
買おう

できる。たくさんのアクセスを集めるブロガーやユーチューバーもインフルエンサーといえる。インフルエンサーの意見や感想は、一気に多くのネット利用者に届く。言ってみれば、ネット上の強力な口コミを持っている。この影響力は大きい。インフルエンサーの大きな影響力を使った宣伝方法が**インフルエンサー商法**である。**インフルエンサー・マーケティング**ともいう。

芸能人などの知名度の高い有名人が、宣伝であることを隠して、ブログで商品の体験談を掲載して問題になったことがある。しかも、スポンサーから報酬を得ていた。この宣伝方法は**ステルスマーケティング**（**略称ステマ**）と呼ばれて非難を受けた。このステルスマーケティングが巧妙になった形だ。

インフルエンサー商法は、口コミを宣伝利用する商法である。「口コミなんだから、特に問題はないじゃないか」と思うだろう。インフルエンサー商法では、インフルエンサーが個人の感想を書き込んでいるかのように見せて、実はスポンサーからの依頼で宣伝しているというところが問題なのである。宣伝であることを隠して行う宣伝は、ファンを裏切る行為だ。ネットにある情報は、憧れの人からの発信であっても、鵜呑みにしない方がよさそうである。

Point！ 知名度を利用した宣伝かもしれない。

column コラム 5

やってはいけないこと

世の中にはやってはいけないことが３つあります。それは、「法律に違反すること」「人に損害を与えること」「良識に反すること」です。

１つ目の「法律に違反すること」では、法律違反にはたいてい罰則があって、罰金や懲役になります。逮捕されることもあり、これを「刑事的な責任」と言います。

２つ目の「人に損害を与えること」では、物の損害はもちろんのこと、心の傷害も対象になります。

つまり、人の心を傷つけることも含まれているのです。重大な損害を与えると、損害賠償責任を負うことになり、これを「民事的な責任」といいます。

これらの２つは刑法や民法に記されていて、明らかにやってはいけないことです。

そして３つ目の「良識に反すること」は、モラル、マナー、エチケットに反することです。ほとんどが法律にはなっていません。

地域でのゴミ出しのルール違反などはこれにあたります。守らなくても罰則がないので、「見つからなければいい」「自分さえよければいい」と開き直る人がいますが、しかし、そうではありません。

「人としてどうか」という良識の問題なのです。

これらの「３つのやってはいけないこと」を守りたいものです。みんなが守れば、暮らしやすい社会になるはずです。

【第6章】

人体・健康への危険

？ 優先席付近でのスマホ

電話もメールもしないから優先席付近でもスマホの電源はオン。

加害者

「使ってなければ優先席付近でスマホの電源を入れたままでもいい」「ゲームならやってもかまわない」なんて思っていたら大間違い！

電話やメールをしていなくても、

OFF
優先席 Priority Seat
この席を必要とされている方におゆずりください。

スマホからは電波が出ているのである。

事件の捜査状況について、「携帯電話から、被害者や容疑者の足取りが割り出された」と報道されることがある。スマホや携帯電話を持っていると居場所がわかるのだ。

なぜかというと、スマホや携帯電話は電源が入っている限り、電波を出し続けているからなのである。そして、特に移動中には、使っていなくても意外と強い電波を出している。携帯電話の基地局のカバーエリアが替わるたびに、通信時と同じくらいの強さの電波を出すのである。

1つの基地局は、街中では半径1キロメートルくらいをカバーしている。電車で移動すると、次から次へとカバーエリアが切り替わり、そのたびに強い電波が出ている。

心臓ペースメーカーの利用者にとっては、優先席付近でスマホを使われていると、寿命が縮む思いだろう。総務省は心臓ペースメーカーから**15センチメートル**以上離すよう指針[注1]を出している。

「電波オフモードにしていれば、スマホから電波が出ないから、優先席付近でゲームをしてもいいはず！」というのは自己中心的な考えだ。電波オフモードにしているのかどうかなんて、ほかの人にはわからない。人のためにも、スマホのバッテリーのためにも、優先席付近ではスマホの電源を切ろう。

Point！ 使ってなくても電波が出る。心臓ペースメーカーには大迷惑。

2

スマホ中毒

夕飯のときもスマホをしている。友達との会話は大切だ！

被害者

誰かと食事をしているときにスマホをしているとしたら、早く気がついてほしい。

スマホでつながっている友達は大切だ。でも、目の前にいる人は、も

っと大切だ。

こんな人は気をつけよう。スマホを我慢していると、「目の前のことに集中できない」「気になって仕方がない」「イライラする」「怒りっぽくなる」……。これらはスマホ中毒が疑われる症状である。

厚生労働省の全国調査[注2]によると、ネット依存の疑いが強い中高生が、**8パーセント**ほどいたことがわかった。健康にも影響が出ていると指摘している。ひとクラスが40人だとすると、3人が該当することになる。しかし、スマホ中毒になっている人は、悲しいことに自分がスマホに依存していることに気がついていないことが多い。

スマホでつながっている人との関係が保たれていても、目の前の人との関係が壊れていることに鈍感なのである。また、依存していると自覚できても、自力で抜け出すことはむずかしい。

次のような人は、スマホ中毒の疑いがあるので、専門の医師の診察を受けることが望ましい。

◉食事中・入浴中・トイレでも使っている。
◉他人と一緒のときでも止めない。
◉仕事や勉強以外で、1日3時間以上使っている。

Point!
マナー違反。目の前の人はスマホの相手よりも、もっと大切だ。

3

電磁波過敏症

最近何だか体調が悪い。スマホのせい？

被害者

スマホが発している電波は、**電磁波の一種**で**マイクロ波**ともいう。

電磁波が人体に与える影響は未だ判明していない。その一方で、現実に体調を悪くする人がいる。電磁波の影響で体調が悪くなる病気を、**電磁波過敏症**という。

その症状は全身に及ぶ。頭痛、めまい、目の痛み、疲れ、吐き気、身体の痛み、鼻詰まりなどさまざまである。この病気に理解のない医師の診察を受けると、自律神経失調症、更年期障害、慢性疲労症候群、うつ病とされて、薬が処方されるだけで症状は改善しない。

私たちは電磁波に囲まれた生活をしている。電磁波はほとんどすべての電気製品から発せられているからだ。その電磁波の強度は大小さまざまである。もちろん強度が大きいほど、健康への被害が心配される。スウェーデンにはガイドラインがあり、実は、**電気コタツ**や**電気毛布**など、身体の近い位置で長時間使用する電気製品は、基準値をはるかに超えているのである。[注3] コタツでうたた寝した後に、体調が悪くなったとしたら、電磁波の影響も疑った方がいいかもしれない。

電磁波に対する抵抗力には個人差があるので、ほかの人には症状が出なくても、自分は体調が悪くなることもある。パソコンに近づくとめまいがするという人もいる。

残念なことに、現在のところ電磁波過敏症を治す薬はない。対処としてできることは、**電磁波の発生源から離れる**ことだ。2倍離れたら受ける電磁波の強度は4分の1になる。強度は距離の2乗に反比例して低下するのである。

Point!

電磁波過敏症かも
体から離してみては？

4 スマホでガンになるわけがない。危険なら売るはずがない。

被害者

はっきり言おう。ガンになる危険がある。**世界保健機構**（WHO）は、スマホや携帯電話が発している電磁波の発ガン性について、「**ガンになるかもしれない**」と明確に発表して

いる。

ＷＨＯはガンになる危険度をレベル分けしていて、「スマホの発ガン性は、**自動車の排気ガス**と同じ危険度に属する」としている。つまりスマホによる発ガンの危険性は、自動車の排気ガスと同じということなのである。

イタリアでは、「仕事中の携帯電話の長期使用で、脳腫瘍ができた」として労災認定を求めた裁判で、最高裁において勝訴が確定している（２０１２年10月）。**因果関係を最高裁が認定**したのである。

フランスでは、国民議会が14歳以下の子供向けの携帯電話の広告や販売を法律で禁止した（２０１０年６月）。日本はどうかというと、確固とした証拠がないということで、まだ禁止にはいたっていない。

携帯電話は私たちが使いはじめてから歴史が浅い。そのため、人体への影響についてのデータは、まだ十分に得られていない。だから今は「かもしれない」としか言いようがないのだ。

タバコは今でこそパッケージに、「**健康のため吸い過ぎに注意しましょう**」という注意書きがあるが、発ガン性が証明されるまでは、長い年月が必要だったのである。私たちは人体への影響がはっきりするまで、「利用者全員で人体実験に協力しているようなもの」ということを忘れてはならない。

Point！
発ガン性は排気ガスと同じレベル
ＷＨＯによると「ガンになるかもしれない」

5

目覚まし代わり

スマホを目覚ましに使う。とっても便利だ。

被害者

スマホが発する電磁波は、**プラスイオン**を誘発させる。

体内に入ったプラスイオンは、血液の中で活性酸素を発生させて、血液中の電気的バランスを崩す。

すると、新陳代謝がうまく行かな

くなり、老化を促進させる。だから、プラスイオンは**疲労イオン**とも言われている。お肌のためにもよくない。女性の敵である3S（シミ、シワ、そばかす）にも悪影響だ。

私達の身の回りには、プラスイオンを誘発するものがほかにもある。**紫外線、自動車の排気ガス、タバコの煙**もそうだ。どれも体に悪そうでしょ？

もう一方にある**マイナスイオン**の方は人体によい。**疲労回復**や**精神安定**に効果があるといわれている。マイナスイオンは、川のせせらぎや滝のそばなど、水しぶきがあるところに多い。**森林浴**をすると清々しい気持ちになるのは、森の中にマイナスイオンがたくさんあるからだ。

スマホを枕元に置いて寝るのは、プラスイオンを浴びる機会を増やし、「逆エステ」に努めているようなものだ。寝るときにはスマホの電源を切るか、枕から離すことが美人への道である。

どうしてもスマホを目覚ましに使いたければ、**電波オフモード**にするとよい。電磁波を出さなければプラスイオンの誘発もない。

もっといいのは、電池式の目覚まし時計を使うことだ。電池式はほとんど電磁波を出さないので、安心できる。

Point！ お肌の老化促進になる。まさに逆エステ。

6

SNS疲労

毎日のSNSチェックは基本だ！友達との会話に取り残されてしまう。

被害者

SNSは友だちとの交流を支援するサービスだ。ところが交流を過剰にさせてしまう効果もある。

スマホを「21世紀のアヘン」と表現した人がいた。取りつかれたよう

にスマホの画面に見入っている様子は、まさに「アヘン」だ。

SNSを毎日チェックすることで疲れ切ってしまうことを、**SNS疲労**という。まるで駆り立てられるようにSNSを見ている。便利なはずのスマホに、生活を支配されてしまっているのである。

ツイッターを毎日チェックしていないと、友達との話題に取り残される。フェイスブックの友達の投稿には「いいね」ボタンを押さなければならない。LINEのメッセージを読みっぱなしにしていたら既読無視になってしまう……。

こうなるともう、義務感である。追い立てられるように、毎日欠かさずSNSをチェックし、睡眠時間を削ってまでも返信したり、「いいね」ボタンを押したりしている。そうやってSNS疲労に陥っている人は多い。そんな人は、スマホ中心になってしまっていることに早く気がついてほしい。

SNSよりも自分の生活を優先することが大切である。SNSは時間があるときにチェックすればいい。時間がなければチェックできない日もあるさ。

そして、ほかの人にも毎日チェックすることを求めちゃいけない。

スマホが主人ではない。自分が主人である。スマホに支配されないようにしよう。

Point! チェックできない日もあるさ。自分の生活を優先すべし。

7

スマホうつ

毎日スマホで他人とコミュニケーションをとっている。自分はウツなんて関係ない。

被害者

「最近はどうもやる気が出ない」「体が重くて、疲れを感じる」「人ごみの中が苦痛だ」というときは、スマホが原因かもしれない。

「スマホを長時間操作していると、気持ちがうつに向かう」という研究結果がある。背筋・目線と精神状態とは密接な関係にあるらしい。「からだとこころ」の関係を研究する学問に、身体心理学がある。その研究の結果、姿勢と心の間に関係があるということがわかってきたのだ。

言われてみれば確かに、やる気に満ちた人は、みんなキリリと立っている。そして、しっかりと前を見ている。逆に、いつもうつむいているのに意欲マンマンの人なんか見たことがない。やる気のない人はやる気なさげに立っているものだ。**姿勢は心を作り、心は姿勢に表われる**という。

周りを見渡せば、そのことが何となく実感できる。うつむいた猫背の姿勢でいると、後ろ向きの精神状態を作る効果があるそうだ。まさにスマホを操作している人は、猫背うつむき姿勢ではないか。この姿勢は首が**ストレートネック**になってしまうので、頭痛や肩こりの原因にもなる。

東洋医学の考え方に**心身一如**《しんしんいちにょ》というものがある。これは「**人の心**（精神）**と身体は繋がっていて、互いに影響し合っている**」ということを示している。

猫背のうつむき姿勢からは意欲が生まれるとは思えない。頭を上げて前を見て、気持ちをプラスにしよう。

Point！ うつむく猫背の姿勢は心を後ろ向きにする。

8

テキストサム損傷

たかがスマホ。使いすぎても目が悪くなるくらいでしょ？

不健全

毎日何時間もがんばって勉強している人の指に、ペンダコができていることがある。人間の体は、長い間同じ場所にずっと力を加え続けていると、変形してしまうようだ。そう

ああ…小指さん…
スマホを持つ指が
曲がる!?

いえば、歯の矯正も時間をかけて歯に力を加え続けて、位置を移動させている。

スマホを片手に持って操作する時、自然と小指で支えている。スマホの下に小指をあてて、滑り落ちないようにしているのだ。こうやってスマホを長い時間支え続けたことで起こる小指の変形が、**テキストサム損傷**である。スマホがあたっていた部分が曲がってしまうのだ。痛みやしびれを伴うこともある。

実は、テキストサムのサムとは親指のことである。本来はスマホの使い過ぎで生じる親指の腱鞘《けんしょう》炎《えん》を指す造語だった。ところが、今では「スマホの使い過ぎによる小指の変形」をいうようになった。この解釈は日本だけのようだ。

この言葉がネット上で広まったのは、2015年3月4日のツイートが発端である。NTTドコモが公式アカウントでツイートした、「スマホの持ち方によっては**テキストサム損傷**になってしまうことも」が話題になった。このツイートには、スマホを支えていた小指が変形した写真が添えられていたのである。フェイクやガセネタではなく、NTTドコモの公式アカウントからの発信だったためにネットで大きな話題となり、テキストサム損傷は多くの人に知られることになった。

Point! 目だけではない。小指が変形することも。

9

? ドケルバン病

この程度ならまさか自分は使い過ぎではないだろう。

不健全

自分のスマホ利用を振り返ってみて、「この程度では使い過ぎのはずがない！」というのなら、**フランケンシュタインテスト**をやってみよう。やり方は簡単だ。

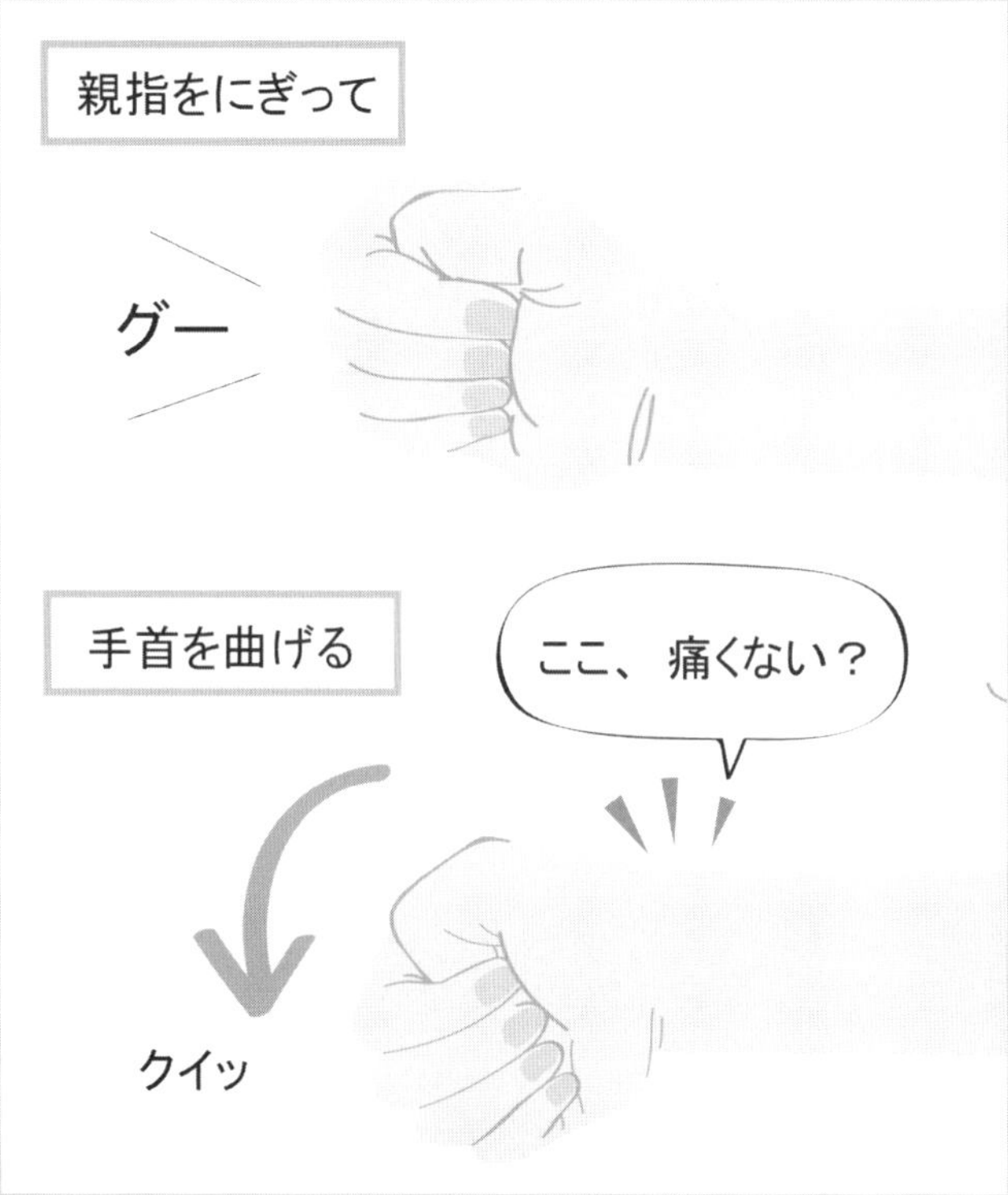

親指をにぎって
グー
手首を曲げる
ここ、痛くない？
クイッ

グーチョキパーのグーをつくる。その時、親指を中に入れたグーにする。そして、グーのこぶしを小指の方に傾ける。もしも、この時に手首に痛みを感じたら、スマホの使い過ぎを反省した方がよさそうだ。

スマホを片手で操作する時には親指が大活躍している。スマホを片手で持つと自由に動くのは親指だけだからだ。アプリの選択も、文字の入力も、画面のスクロールも、親指が最も多く使われている。こうして親指ばかりを酷使していると付け根に疲労がたまる。そして、使い過ぎから炎症を起こすことがある。それが**ドケルバン病**（**別名スマホ腱鞘炎**《けんしょうえん》）である。

ドケルバン病になると、親指の根元あたりの手首が痛むようになる。悪化すると腫れることもあり、その腫れた部分を押すとさらに痛む。そうなってしまうと、親指を動かさないようにして安静にした方がよい。湿布薬が効果的な場合もある。整形外科で治療を受けると、内服薬やステロイド注射で回復することもある。でも、繰り返すようだったら、手術するハメになったりする。

フランケンシュタインテストで痛みがあったのに、それでもまだスマホを操作したいのならば、反対側の手を使うようにしよう。その結果、両手ともドケルバン病になるかもしれないが。

Point! **グーをつくって曲げてみよう。痛みがあったら使い過ぎ。**

10

猫背

人間は中身だ。外見よりも中身を見てくれ！

不健全

「人間は外見よりも中身だ。中身で評価してくれ！」

そりゃそうだ。なんといっても中身が大事だ。でも、残念ながら、初対面の人は、あなたがどんな人間なのか知らないいし、わからない。見え

人からいい印象を
受けるには…？
猫背になってますよ!!

るのは、外見だけだ。外見で判断せざるを得ないということを肝に命じてほしい。もしも、中身を見てもらいたいのならば、その中身を見えるようにしなければ伝わらない。初対面の人はあなたの見えている部分でしか判断できないのである。「人は見かけが9割」とは、よくいったものだ。

スマホを操作する時の猫背姿勢はとても損な外見だ。いつも**猫背**でスマホ操作を続けていると、いつの間にか猫背が体に染みついてしまう。そして、普段の姿勢も猫背気味になる。

NHK教育テレビ番組「Rの法則」で、猫背気味に立った人とシャキッと立った人を、後ろから見た時の印象を調べるという街頭実験が行われたことがある。姿勢の違いを内緒にしたまま、人々に後ろ姿での印象を聞いてみた。すると、猫背気味に立った人に対する印象は「暗い」「だらしなさそう」であった。初対面であり、顔も見ていないのに、である。そこで、二人の姿勢を入れ替えて同じ実験をしたところ、「スラッとしている」「明るい」と好印象だった人が、猫背気味になったとたんに、今度は印象が「やる気がない」「ダサい」と真逆になってしまった。

立ち姿がいかに人の印象を左右しているのかがよくわかる。中身とは関係なく、立ち方だけでよい印象にも悪い印象にもなるのである。

Point

！

中身は見えるようにしなければ相手に伝わらない。

11

？ブルーライト

スマホは楽しい。ベッドで夜中まで使ってしまう。

不健全

寝る直前までスマホの画面を長時間見続けるのは、生活習慣として、あまりよいことではない。睡眠不足が心配される。しかし、それだけではない。目や体への影響も心配されている。スマホの画面からは**ブルー**

ライトが発せられているからだ。

人間が目で見ることのできる光（**可視光線**）の中で、ブルーライトは最も波長が短く、強いエネルギーを持っている。そして、目から入ったブルーライトは、角膜や水晶体で吸収されずに網膜まで到達する。ブルーライトが体に与える影響については、スマホが発する電磁波の健康被害と同じで、今のところ確固たる実証データがなく、有害性がはっきりしていない。逆にいうと、体に無害だということも、いまだに証明されていない。そのような中でブルーライトは紫外線に近くて強いエネルギーを持っていることから、目や体への影響が心配されている。

夜にブルーライトを浴びると、**体内時計が狂う**ともいわれている。ブルーライトは太陽光にも含まれていて、体内時計の重要な調整装置になっているからである。パソコン、スマホはもちろん、液晶テレビやゲーム機、LED照明もブルーライトを発している。このような機器に囲まれた生活では、体内時計が狂いやすいのかもしれない。

ブルーライトカットのメガネが目の疲れを軽減するかどうかの確証はまだないようだ。ちなみに、iPhoneには、ブルーライトをカットする「Night Shift」機能がある。

Point! ブルーライトは、網膜にまで達する。

12

? ファントムリング現象

鳴ったような気がしてスマホを見る。でも着信なし。

不健全

「返信まだかなぁ、早く来ないかなぁ、何してるんだろう……？」と返事のことばかり考えていると、スマホのことが気になって、集中できなくなる。そして、目の前のことが

手につかなくなる。「あっ！　着信」音がしたような気がして、何度もスマホをチェックしてしまう。

このように本当は着信音が鳴っていないのに、鳴ったように錯覚する現象が**ファントムリング現象**だ。ファントムとは亡霊という意味。亡霊が見えたような気がして確かめるけど、実際には何もなかったりする。そんな錯覚をするようになったら、**スマホ依存**を疑った方がいい。

また、自分のスマホの着信音でなくても、他人の着信音やテレビドラマの中での着信音にも反応してしまう。人がスマホをチェックしている姿を見ただけで、自分もスマホをチェックしてしまう。マナーモードにしているはずなのに、音がしたような気がする。スマホを入れてないはずのカバンの中から着信音がする。こうなるとスマホ依存が進行中だ。

これと似たものに**ファントムバイブレーション現象**がある。ブルってもいないのに、スマホがバイブで震えたように錯覚するのである。これもファントムリングと同じで、スマホ依存が始まっていることを示している。ファントムリング現象もファントムバイブレーション現象も、スマホという亡霊に憑《と》りつかれてしまっている。目の前の現実を見よ。あなたにはスマホ以外にやらねばならないことがあるはずだ。

Point !
着信音の錯覚やブルった錯覚は依存の始まり。

13

ばね指

指の曲げ伸ばしがうまくできない。引っかかるような感じがする。

不健全

指の動きが悪い。曲げると伸ばしにくい。伸ばそうとすると引っかかるような感じがある。曲がった指を伸ばそうとすると、はじける感じになる。この症状は**ばね指**だ。**指の腱《けん》**

鞘炎《しょうえん》の一種で、**弾発指**《だんぱつし》ともいわれる。

指の付け根に腫れや痛みが出たり、指が思う通りに曲げ伸ばしができなくなったりする。悪化すると指が動かなくなることもある。妊娠中や産後、更年期を迎えた女性に発症しやすいといわれているが、スマホの使い過ぎでも、指が腱鞘炎を起こすのである。これが手首の親指側に痛みが出ると、**ドケルバン病**だ。これもばね指と同じ腱鞘炎なのである。

ばね指は、指の使い過ぎで体が悲鳴を上げているのだ。まず、スマホの使い過ぎを疑ってみよう。もしも、グーチョキパーの動きが悪くなったら、指を休ませることが必要になる。スマホの操作を控えよう。そして、氷水を入れたビニール袋で冷やして腱の炎症を抑えるアイシングも有効である。それでも痛みがなくならないのならば、整形外科に行こう。

たかが腱鞘炎と甘く見ちゃいけない。放置して症状が進行してしまうと、関節が固まって伸びなくなることがある。そんなことになる前に整形外科に行って、投薬やステロイド注射で治療してもらった方がよい。

慢性化してしまって、治療しても改善しないほどになると、指を切開する手術になってしまう。

Point!

スマホの使い過ぎで指が腱鞘炎になることも。

14

ぽっこりお腹

太ってないのになぜか下腹がぽっこり出る。

不健全

若く見られたい、キレイになりたいというのは、女性の永遠のテーマのようだ。コスメやエステ、ダイエットに女心は揺さぶられる。もしも、スマホが美容に関係しているとしたら、特に女子は無視できなくなるだ

スタイルが
よくなるには…？
ぽっこり…

ろう。太っているわけでもないのに、スタイルが悪い。スラッとしていない。そんなあなたの悩みは、スマホが原因なのかもしれない。スマホを操作する時の姿勢は美容に大いに関係しているからだ。自分がスマホ操作している時の姿勢を見直してみよう。前かがみ、うつむき、猫背になっていないだろうか？　この姿勢は楽なものだから、やがて体に染みついてしまい、普段の立ち姿でも背中が丸くなる。すると体が腹筋を使わなくなり、**ぽっこりお腹**につながるのである。

この立ち方を**不幸立ち**という。幸せが寄りつかない立ち方だ。不幸立ちが人に与える印象は決して良くない。この立ち姿勢で人生損をしているかもしれない。だが、損をしているのは印象だけではない。外見そのものも変えてしまう。ぽっこりお腹をつくるのである。

ライザップのＣＭが流れたら、ビフォーとアフターの立ち姿を見くらべてみよう。ビフォーの体は、確かに太っていて下腹が出ている。でも、モデルが立っている姿勢をよく見てみよう。うなだれて背中をまるくしているので、よけいに下腹が前に突き出されている。猫背の姿勢は下腹が強調される姿勢なのだ。まさにスマホを操作しているときの姿勢がこれだ。

Point!

猫背の立ち姿勢が
ぽっこりお腹をつくる。

15

二重あご

やせているのに、二重あごなんて、おかしくない？

不健全

やせているのに**二重あご**という人は、姿勢の悪さが関係していることがある。太ってもいないのに二重あごになっているとしたら、自分の頭の位置を見直してみよう。

二重あごになる原因は、肥満だけ

ではない。頭の位置が影響していることもある。頭が肩よりも前に出ると、首元の筋肉が緩んでダブつくのだ。それが、二重あごをつくる原因になる。頭が前に出る姿勢というと、すなわち、スマホを操作する時になりやすい。いつもスマホ操作で頭を前に出していて、この姿勢が体に染みつくと、首回りの筋肉が弱って二重あごがつくられてしまう。

自分の頭の位置がどこにあるのかわからない人のために、チェックする方法をお教えしよう。壁を背にして立ってみるのである。そして、両足のかかとを壁につけ、次にお尻をつけ、背中をつける。そうした時、後頭部は壁についているだろうか？

頭部が前に出ている人は、後頭部が壁から離れる。そこで無理につけようとすると、あごが上がる。頭部の位置が悪いと、首を支えている背骨や骨盤も歪んで全体的に悪い姿勢になる。そうすると、首回りの筋肉のたるみだけでなく、頭痛、肩こり、バストの垂れも引き起こす。

下腹をぐっと引いて、背中を壁に近づけ、あごを引いてみよう。目安としては、耳が肩の上にあればよい。その立ち姿勢ならば頭の位置が体の真上にある。スタイルもスラッとして見える。いかにスマホ操作で体が曲がってしまっているかわかるだろう。

Point！

スマホの猫背姿勢で二重あごになることとも。

column コラム 6

LINE を 禁止しても

LINEの普及スピードにはすさまじいものがあります。

フェイスブックやツイッターを超える速度で普及していて、最近では子供たちの部活の連絡にも使われています。

ところがこのLINEが原因で、子どもが加害者や被害者になった事件が、テレビや新聞で報道されています。

「LINEがケンカの引き金になった」「LINEで呼び出して乱闘になった」「LINEで知り合った人に危害を加えられた」……。

このように、LINEにまつわる事件が急激に増えてきています。

そんなニュースがあるたびに、学校現場や保護者は頭を痛めているのです。そして、「LINEは危険だ！」「LINEは危ないから禁止しよう！」という気運が高まっています。

たとえLINEを禁止したとしても、LINEと同様の無料通話アプリが、毎年次々と登場していることをご存知でしょうか。

LINEを禁止するのならば、Skype（スカイプ）も禁止するのですか？　カカオトークも禁止するのですか？

禁止は解決にあらず。

悪いのはLINEではなく、LINEの使い方なのです。便利な道具を禁止するのではなく、危険性と正しい利用を教えることが教育なのです。

【第7章】

その他の危険

1

歩きスマホ

歩きながらゲームやメール。気をつけているから大丈夫！

被害者

歩きながらスマホの操作は危ない。なぜ危ないのかというと、視野が狭くなるからだ。スマホを操作しながら歩くと、目線は手元のスマホと少し前にしか向けられていない。

すれ違う歩行者やベビーカーを見ていない。横から来る自転車にも気がつきにくい。ぶつかる危険があるのだ。

スマホの画面に気を取られていて、**線路に転落する事故**が発生している。JR四ッ谷駅で小学生が転落したことでニュースになった。[注1] しかし、実は線路への転落事故はそれ以前から起きている。国土交通省によると、携帯電話が原因の転落事故は、データを取りはじめた2010年度には11件、2011年度には18件発生している。こんな状況だから、ホームドアを導入する駅が増えている理由もうなずける。

線路に転落すると、電車ダイヤが乱れて多くの人が迷惑をする。また、転落した人はケガもするだろう。ところが、ケガだけでは済まない事故も起きている。東京都板橋区では、スマホを操作しながら踏切りに立ち入った男性が、電車にはねられて死亡している。[注2]

スマホに心を奪われて、命まで奪われたのでは元も子もない。

スマホは立ち止まって使うものだ。歩きスマホは、人にも危ないし、自分にも危ない。命にかかわる危険なことだと心得よう。

Point!
マナー違反。
自分も人も危ない。

2

？自転車に乗りながらスマホ

スマホしながら自転車に。安全運転なら問題ない！

加害者

スマホで電話しながらママチャリに乗っている若いお母さんや、スマホをチェックしながら自転車に乗っている学生をよく見かける。

片手運転はもちろん危ない。通話

もダメだし、ＬＩＮＥもダメだ。

チャリでのスマホのながら運転は、単に危ないというだけではない。**道路交通規則**で禁止されている。[注3]罰則もある。罰金は最高５万円である。

自転車は、道路交通法では**軽車両**といって自動車扱いである。もし、歩行者とぶつかってケガをさせたら「ごめんなさい」では済まされない。自転車で歩行者にぶつかり、多額の損害賠償金の支払いを命じられた判決[注4]がいくつも出ている。なかには賠償金額が５０００万円や、1億円になった例もある。

中高生が起こした事故の場合、中高生の責任能力を認めた判例もある。そうなると大人になってからも、一生をかけて賠償することになる。

また、被害者は保護者に対して、損害賠償を請求することもできる。「親が子供に対して必要な監督指導を行っていない」と認められた場合には、親に賠償責任が発生するのである。

自転車でのスマホは厳禁だ。事故を起こしてからでは遅い。ちなみに自動車運転中のスマホ使用は、**道路交通法**違反で罰金６０００円である。

自転車でも自動車でも、スマホは厳禁である。


Point！ 道路交通規則違反。罰金あり。

3

？ 無断充電

コンビニ前でちゃっかり充電。これもサービスだよね？

加害者

電気はタダではない。家庭も、会社も、学校も、料金を支払って電気を使っている。だから、無断でスマホに充電する行為は、他人の財物である電気を盗んだことになる。

つまり、**無断充電は電気泥棒**であって、**窃盗罪**[注5]になる犯罪行為なのだ。

学校、塾、コンビニ、ファストフードのコンセントは、業務のために備えられている。コンセントはお客様サービスのためにあるのではない。「充電くらい大丈夫」と思っていたら大変なことになる。

実際に、コンビニのコンセントを使って無断充電していた中学生が、窃盗容疑で書類送検[注6]された。コンビニ店の外壁にあるコンセントで、約15分間充電したものである。たとえ金額にして1円相当であっても、窃盗は犯罪なのである。

短時間の充電であっても、摘発された例はいくつもある。パン屋の外壁にあるコンセントで充電していて通行人に通報され、窃盗容疑で摘発された大学生（2006年5月、神奈川県）、駅構内の清掃用のコンセントで、ノートパソコンを使って、窃盗容疑で摘発された会社員（2004年2月、愛知県）もいる。電気はタダではない。「充電くらい」と気軽に考えていたら火傷することになる。

あなたの街には、店のコンセントを客に開放しているカフェや、無料コンセントを設置しているファストフード店があるはずだ。そんな店をチェックしておいて、バッテリーが切れそうになったら駆け込むことにしよう。

Point！

電気泥棒になる。

通報されたら逮捕される。

4

？ スマホの盗み見

彼の様子が怪しい。こっそりスマホをチェックしよう！

(不) **健全**

ほかの人に届いた郵便物を無断で開けると犯罪になる。これを**親書開封罪**[注7]という。

では、メールはどうだろうか？

メールは親書開封罪がいう親書に該当していない。また、メールを想

最近…
なんか怪しいんだよねぇ

定した開封罪もない。現在のところ、他人のスマホの通話履歴やメールを無断で見ることは、法律違反にはなっていない。

彼氏の様子が怪しい。浮気をしているかもしれない。そんなときは、スマホをチェックすれば白黒がすぐにわかる。でも、人のスマホを盗み見ても、何もいいことはない。もしも浮気の証拠があったら、それはそれで修羅場になるし、逆に何もなかったとしても、後からまたチェックしたくなる。シロでもクロでも、いいことは何もない。さらに勝手に見たことがバレたら、お互いの信頼関係を壊すことになる。恋愛でのNG行動の代表がスマホの盗み見だ。

「自分のスマホが見られているのではないか？」と心配な人にのために、スマホを触った人の写真を自動的に撮影するアプリもある。盗み見の決定的な証拠写真が残るので、これはこれでやはり修羅場の火種を作ってしまうだろう。このアプリを使うときにはそれなりの覚悟が必要だ。

そもそもスマホの中にはプライバシーがたくさん詰まっている。たとえ親しい間柄であっても、勝手に人のプライバシーに踏み込んではいけない。

スマホの盗み見は法律違反ではないけれど、**マナーに違反**している。

Point!

マナー違反。見ても何もいいことはない。

5

友達リクエストの承認

知らないイケメンから友達リクエスト。承認しなくちゃ損だ！

被害者

ネットに運命の出会いを求めるのは間違いである。

ネットには善人もいれば悪人もいる。ネットで知り合った人が善人とは限らない。悪人も山ほどいる。

ネットで知り合って結婚した幸せ

なカップルも確かにいるだろう。しかし、幸運にめぐり合う可能性以上に、ネットでの出会いは、はるかに危険である。ネットでは年齢だけでなく、性別だってなりすませるし、プロフィールも写真もあてにならない。ネットの世界には悪意に満ちた下心で、出会いを求めている者たちが群がっていることを忘れてはいけない。

ＬＩＮＥやフェイスブックで知り合って被害にあった人は多い。三鷹で起きたストーカー殺人事件[注8]では、被害にあった高校生と容疑者とはフェイスブックで知り合っている。

危険から身を守る対策としては、ＬＩＮＥ、フェイスブック、ツイッター、ｍｉｘｉ、グリー、モバゲーなどのＳＮＳでは、知らない人からの友達リクエストをすべて無視することである。

友達リストに加えるのは、本当に知っている友達だけにする。友達の輪を勘違いしちゃいけない。ネットでは「**友達の友達は友達ではない**」ことを忘れてはならない。「友達かも」と表示するＳＮＳの機能も、よけいなおせっかいである。

現実社会でさえ出会いには危険が伴っている。ネット社会での出会いはもっと危険なのである。

Point！ 無視する。知らない人に返信しない。

6

無料ゲームの有料アイテム

100円なんだから1回だけ買ってみよう。

不 健全

未成年者がネットで物を購入するのは避けよう。

手元にある現金を渡すという買い物に比べて、ネットでは現金がなくても買えてしまうからだ。現金の実感がないままアイテムを買っていると、思わぬ落とし穴にはまる。

国民生活センターによると、高校2年の息子が、約60万円分のアイテムを購入していた例がある。また、中1がゲームで80万円を使った例や、14歳が約200万円を使った例もある。ゲーム内の買い物は、ゲームの中だけでは済まない。実際にお金を払わなければならないのに、ネットの中ではその現実感が失われやすいのである。

子どもが親の知らない間に、親名義のカードでゲーム代を決済したり、年齢を偽って登録したりするケースもある。スマホの暗証番号やクレジットカード番号については、利用者の管理責任が問われることになる。親が子どもに知らせたり、知られていた場合は親の管理責任が問われるのだ。

「1回だけ」と親が入力したクレジットカード情報が、2回目からは入力せずに購入できるようになっている場合がある。また、スマホの利用料金と一緒に後から徴収される場合もある。いずれも後から請求された金額を見て驚くことになる。

未成年のうちは、スマホのゲームは無料の範囲で遊ぶべきだ。アイテムがないとゲームが先に進まないことはわかっている。でも、有料アイテムは自分で稼ぐようになってから、自分のお金で買うようにしよう。

Point! 購入は大人になってから。無料の範囲で遊ぶべし。

7

？デジタル万引き

このページがほしい。その場で写メしても大丈夫？

不健全

書店やコンビニで立ち読みしていて、ある雑誌に気になるページがあった。そのページのためだけに雑誌を買う？　いや待てよ。スマホがあるじゃないか……。

ということで、ほしいページをス

こっそり…
カシャッ
きれいめバッグ
おすすめコーデ

マホで撮影して、雑誌は買わずに店を出る。この行為を**デジタル万引き**という。

紙面の情報を写メで盗むので、「万引き」という名前がついているけれども、実は犯罪ではない。雑誌を持ち出していないし、ページを破いてもいないので、書店に損害を与えていない。だから、何の法律にも触れないのである。

雑誌が元通りに戻されたならば、窃盗ではない。私的使用が目的だから、写メしたことも著作権侵害にならない。誌面を写メしたことは、メモを取ったのと同じ行為とみなされる。従って書店としては、「やめてください」とお願いするしかないのが現状である。

ところが、「法律違反ではないのだから、デジタル万引きをやってもよいのか？」というと、問題はある。これは**良識**の問題である。当然、ほめられた行為ではない。デジタル万引きは**社会のマナー**、**エチケット**、**モラル**に反している。法律に違反していなくて、損害を与えていなくても、やはり、やってはいけないのである。

どうしてもほしいページがあったら、お金を出して買うか、またはじっと見て「心のカメラ」で撮りましょう。

Point！ マナー違反。ほしければ買うべし。

8

フィルターのないスマホ

フィルタリングはいらない。好きなサイトを自由に見たい。

被害者

子供には積極的に見せたくない情報や、使用させたくないサイトがある。アダルトサイトはその代表だ。いわゆる有害サイトである。

それらのサイトにアクセスできな

いようにする機能が、**フィルタリング**（閲覧制限）である。

子供が使うスマホには、**青少年インターネット環境整備法**[注9]で、フィルタリング機能が義務づけられている。この法で子供とは18歳未満をさしていて、17歳の高校生までが対象になる。

保護者は子供に持たせるスマホを契約する際には、携帯電話会社に子供が使うことを申し出なければならないことになっている。そして、携帯電話会社は、子供が使うスマホ・携帯電話に、フィルタリングを提供することが義務づけられているのだ。

警察庁の調査によると、ネットで出会って被害を受けた児童の9割の携帯電話に、フィルタリング機能がなかった。そして、被害児童が加害者と知り合ったのは、2割がいわゆる出会い系サイトで、なんと残りの8割は、通常のＳＮＳで知り合っているのである。健全と思われている一般のＳＮＳも、十分に危ないということである。

フィルタリングは、保護者の申し出があれば解除できる。「ＳＮＳができなかったら仲間はずれにされる」と子供に言われたら、悩んでしまうのが親の心情だろう。高校生に対してＳＮＳ禁止は現実的でないようだ。むしろ危険性と正しい使い方を教えることが重要である。

Point！ フィルタリングは義務付けられている。

9

？ 盗撮

更衣室にスキマを発見！スクープ映像のチャンス！

被害者　加害者

日本では誰もがスマホを携帯していて、「1億総カメラマン状態」になっている。いつでも、どこでも、誰でも、写真や映像を撮影できる。この手軽さが問題も起こしている。

本人にわからないように、こっそり撮ると**盗撮**になる。つまり隠し撮りだ。無断で撮るのだから、盗撮は肖像権の侵害にもなる。そして、場所が場所だと逮捕もあり得る。更衣室やトイレでの盗撮は、**軽犯罪法**[注10]違反になる。盗撮は犯罪なのである。

階段やエスカレーター、書店でのスカート内の盗撮であった場合は、扱いが別になる。自治体が制定している**迷惑防止条例**[注11]の違反になるのだ。奇妙なことに、スカート内盗撮の罰則の重さは、地域によってバラバラだ。罰則は自治体ごとの条例で定められているからである。

たとえば、東京都迷惑防止条例では、「1年以下の懲役、または１００万円以下の罰金」で、常習の場合は「2年以下の懲役、または１００万円以下の罰金」となる。これに対して、大阪府では「６カ月以下の懲役、または50万円以下の罰金」で、常習の場合は「1年以下の懲役、または１００万円以下の罰金」である。大阪府の罰則は東京都の半分だ。

このようにして盗撮した画像・動画をネットに投稿したら、**名誉毀損罪**（第1章・注2）になったり、**損害賠償**を求められることもある。盗撮は非常に危険な行為なのである。

盗撮も投稿も絶対にやってはならない。

Point！ 逮捕される。盗撮は犯罪。

10

気休めのパスワード

スマホをなくした！ でも暗証番号があるから大丈夫。

被害者

スマホの暗証番号はあってないようなものだ。落としたり盗まれたりしたら、暗証番号が一時的な時間稼ぎをしてくれるだろう。

でも、パソコンに接続することで、暗証番号は破られてしまう。もしも

暗証番号が4桁だったら、10数秒で判明する。暗証番号を破るフリーソフトまであるから驚きだ。

アンドロイドの**パターンロック**は、番号を入力しないので、有効のように見える。画面上で指をあらかじめ決めたパターンで動かして、ロックを解除するものである。ただし、これは注意していないと**ショルダーハッキング**といって、肩ごしに後ろから盗み見られて、意外と簡単に破られる。

スマホの画面は操作時に指の油で汚れる。よく見ると、いつも使用する部分が指紋で汚れていることがわかるだろう。この画面の汚れがロック解除に繋がるケースもある。寝ている旦那のスマホの液晶をキレイに拭いておき、朝一番に解除したときの指紋の付着具合で、ロックを解除した奥さんもいる。

スマホをなくさないに越したことはない。それでも置き引きにあうという被害もあるので、盗まれたり落としたりしたときのために、何らかの対策が必要である。

万一、紛失や盗難にあっても、被害を最小限にとどめるには、スマホに実名で連絡先を登録しないことも有効である。悪用されたときに被害にあうのは、自分ではなくスマホに登録されている友人たちだからだ。その危険を考えたならば、どうしても登録する必要があるときは、悪用されにくいように、愛称や略称で登録するとよい。


Point!

暗証番号は破られる。破るためのフリーソフトまである。

11

? LINE「ふるふる」

友達追加は「ふるふる」に限る。これは便利！

被害者

ＬＩＮＥの「ふるふる」はとても便利だ。ＬＩＮＥの友達に追加したい者同士が近くでスマホを振ると、相手の情報が送られてくるので、簡単に追加登録できる。ところが、便利だということは、危険だということ

とでもある。近くで振れば誰もが「ふるふる」になる。知らない人だって入ってくるし、知らない人にも送られる。

「ふるふる」は**位置情報（GPS機能）サービス**を使って、近くにいるLINEユーザーを探すので、近辺で誰かが「ふるふる」をしていたら、赤の他人でも入ってくる。コミケ会場や待コン会場など、人ごみの中では、知らない人間をキャッチしてしまう可能性が高い。もしも、プロフィールに自分の顔写真と名前を登録していたら、赤の他人にも見せてしまうハメになる。プロフィールのバラマキ状態だ。これを悪用してAVスカウトマンが活躍しているという。人の多い場所で「ふるふる」しながら、キャッチした女のコに声をかけてスカウトしているらしい。

写真に撮影場所の情報が付加されると面倒なので、位置情報サービスは常にオフにしておき、ナビとして使うような、必要なときにだけオンにしたほうがよい。

「ふるふる」は便利な機能だけれど、使うときには周りにほかの人がいないか注意しよう。

友達に追加するときの連絡先の交換には、目の前に友達がいるのだから、面倒がらずに**QRコード**を使った方が確実で安全である。

Point! プロフィールをバラまいている。近くに人がいませんか？

12

? 飛行機でのスマホ

離陸前だから大丈夫！移動する機内から記念撮影。

加害者

機内でのスマホの電源オンは、**航空法**[注12]で禁止されている。

使用できるのはドア開放時のみとなっている。たとえ**電波オフモード**にしていても、離陸・着陸時に電源を入れることは禁止である。違反す

ると最悪の場合は逮捕されるし、50万円以下の罰金となる。実際に全日空便の機内で、携帯電話の電源を切らなかった男（34）が逮捕されるという事件も起きている（2007年6月）。

「電源オフモードにしていれば、電波を出さないから、ほかの機器に影響しない。だから、離着陸に関係なく使ってもよいはず……」と思うかもしれないけれど、それは自分勝手な考え方である。

あなたが「電源オフモードで使っています」というタスキでもかけているなら一目でわかるけれど、乗務員はスマホを見ただけでオフかオンかの判断ができない。紛らわしいことは迷惑なのでやめておいたほうがよい。

だが、機内でスマホを使える日は近づいているようだ。米連邦航空局（FAA）は、航空機の離着陸時にスマホを使えるよう、規制を緩和すると発表した（2013年10月）。ただし、音声通話は引き続き禁止している。これに続き欧州航空安全局（EASA）も、欧州域内の旅客機でも利用を認める方針を発表した（2013年11月）。

日本の国土交通省も規制を緩める方向で検討に入っているので、離着陸時のスマホが解禁になる日は近いのではないだろうか。

Point！ 法律違反。使用はドア開放時のみ。

13

リベンジポルノ

ベッドでラブラブ記念写真の撮影をした！彼も私もハッピー！

被害者

男はたいていスケベなもの。付き合った彼女のヌード写真をほしがるヤツは多い。

でも、「ラブラブだから」と、彼がほしがるままに、ヌード写真を撮

らせるのは考え物だ。

ネットには、そうやって流出した元カノのヌード写真が山ほどある。今はラブラブかもしれないけれど、将来、別れることになったときに、その写真がネットに出回る可能性がある。

男がフラられた腹いせや仕返しに、元カノのヌード写真を投稿する例はとても多い。これを**リベンジポルノ**という。リベンジポルノは、三鷹ストーカー殺人事件で、刺殺された高校3年の女子生徒が、プライベート写真をネットに流されていたことから話題になった。

ネットにヌード写真を掲載する行為は、**名誉毀損罪**（第1章・注2）、**わいせつ物頒布罪**、**児童ポルノ禁止法**[注13]の違反となる。また、「バラまくぞ！」と脅かせば、**脅迫罪**[注14]にもなる。

いま付き合っている彼氏と、別れることなくゴールインすることを祈るが、もし、万一、うまくいかなかった場合でも、あなたに復讐しない男であることを願う。

相手にヌード写真を撮らせないことが理想的な護身術だ。でも、もしも、どうしても断りきれなかった場合、リベンジポルノから身を守る方法は、とにかく顔を写させないことである。

いったんネットに流出した写真は一生消えない。

Point！ ヌード写真は撮らせるな！ ネットに流れたら一生消えない。

14

?

LINE「友だち自動追加」

「友だち自動追加」で友達を探してくれるらしい。これは便利だ。

被害者

LINEをインストールすると、最初にやらなければならないのは、初期設定である。面倒な作業だからといって、設定をすべて「OK」で進めると大変なことになる。LIN

Eを始めたとたんに、「○○さんがＬＩＮＥを始めました」とか「友達かも」など、やたらと他の人の情報が表示されるようになる。「これって、もしかしたら、自分のことも他の人のスマホに表示されている？」その通り、あなたの情報も公開されている。

原因はＬＩＮＥの初期設定で、**「友だち自動追加」**を選んだからだ。覚えていない？　それもそのはず。何も考えずに進めると、これを選択したことになるようにつくられているのだ。「友達を自動で追加してくれるなんて、なんて便利な機能♪」と喜んでいる場合ではない。「友だち自動追加」を選ぶと、あなたのスマホに入っているアドレス帳がネットに転送されてしまうのである。そして、そのアドレス帳が利用されて、「友だちかも」などの表示につながるのである。

いったん転送されてしまったアドレス帳を削除する機能は、標準では用意されていないが、ネットでは次のような削除方法が紹介されている。「スマホのアドレス帳をいったんスマホ外にバックアップしてから、アドレス帳のデータをすべて削除する。そして『友だち自動追加』『電話帳の同期』をオンにして、カラのアドレス帳を送ってから再びオフにする。最後にバックアップしておいたアドレス帳を復元する……」というものだが、本当に転送先で削除されるかは定かではない。

Point

！アドレス帳が転送される。キャンセルの機能はない。

15

歩きスマホ

歩きスマホは歩行のジャマだ。ぶつかっても知らないぞ。

被害者

歩きスマホは迷惑だ。ノロノロと歩いていて、後ろの人が迷惑していることに気がついていない。電車から降りるときも、先頭の人がスマホを見ていると、乗客の乗り降りがス

ムーズにできない。街なかにあるうっとうしいモノの代表格だ。

前から歩きスマホの人が近づいて来た。スマホを見ていてこちらに気がついてない。そのままではぶつかるので、仕方なく道を空ける。「なぜ自分の方が道を空けなくちゃいけないんだ？」と腹立たしくもある。こんな迷惑な歩きスマホを狙って、わざと体当たりする人がいる。兵庫県神戸市では、「ぶつかられて転倒し、頭の骨を折る」という事件も起きている。

歩きスマホは危険な行為だ。他人を巻き込む**歩きスマホ**も**歩く凶器**ともいわれる。特に、地図アプリには気をつけよう。路上で店探しをしている時には、歩きスマホになりやすい。他の人にぶつかってしまうと加害者になるし、体当たりをされると被害者になる。また、駅の階段やホームから転落すれば、自業自得のケガとなる。だから、「歩きスマホを規制せよ！」という声は大きくなるばかりだ。

歩きタバコの次は、歩きスマホだ。アメリカ合衆国ニュージャージー州フォートリーは、歩きスマホを禁止する「歩きスマホ規制条例」を２０１２年に制定した。違反者には85ドルの罰金が科せられる。本来、マナーは、規則でうんぬんいうものではない。でも、マナーを守れない者がいるから、条例や法律ができてしまうのである。


Point！ 歩きスマホを狙って、わざとぶつかる人もいる。

16

スマホ当たり屋

ぶつかったのは私の不注意だ。壊れたスマホは私の責任？

被害者

車で信号待ちしていると、自転車の男が近付いて来る。「あなたの車に当てられた！」と、画面が割れたスマホを見せて、修理代を要求する。これは**スマホ当たり屋**だ。

この頃はドライブレコーダーが普及しているので、自動車だとウソがバレることがある。そこで、自転車も狙われている。「自転車に乗りながらのスマホは、当たり屋のカモになる！」とネットでは警告している。そもそも**自転車スマホ**は、都道府県の道路交通法施行細則で禁止されているし、危険すぎるほど危険な行為。自転車スマホで歩行者にぶつかり、死亡させる事故すら起きている。

車や自転車に乗っていなくても、油断はできない。歩行者もターゲットになっているからだ。歩きスマホのフリをして、わざと人にぶつかる悪質な当たり屋がいる。特に、曲がり角や店やトイレの出口など、出会い頭になりやすい場所が狙われる。当たり屋はわざとぶつかってスマホを地面に落とす。落ちたスマホの液晶画面が割れている。そこに通行人を装った仲間が現れて、「あなたがぶつかった！私は見ていた！」と証言する。スマホの所有者は、「修理代として1万円を払ってもらいたい」と示談を持ち掛けるという手口だ。

落としたスマホは、始めから壊れていたのである。それを手に持ちぶつかって演技する。詐欺だとは証明できず、しかも相手の人数が多い。弁償しろと責め立てられ、誰にも助けを求めることができず追い詰められるのだ。歩きスマホには近寄るべからず。もし不当な要求をされたら警察を呼ぼう。

Point！壊れたスマホを持って、わざとぶつかる当たり屋もいる。

17

優先席付近でのスマホ

通話しなければスマホの電源はオンのままでも問題ない。

加害者

電車内では、おなじみのアナウンスが今日も流れている。「優先席付近では、混雑時には携帯電話の電源をお切りください」。

なぜ、優先席付近ではスマホの電

源を切らなくてはならないのか？　その理由を知らない人は意外と多い。電車の運行に影響するから？　いやいや、電車はそんなヤワな乗り物ではない。電源を切るべき理由は、**心臓ペースメーカー**を装着している人への配慮である。

通話やネットを利用している時に、スマホは電磁波を出している。着信しただけでも出している。電磁波は他の電子機器の動作に影響を及ぼす恐れがある。だから、優先席付近では電源を切るように呼びかけているのである。スマホの取扱説明書を見てほしい。どの機種のトリセツにも、15センチ以上離すようにと注意書きがある。もしも、優先席付近でスマホを使っていたら、心臓ペースメーカーを装着している人は逃げ場がなくなってしまうのだ。

心臓ペースメーカーは人の命を預かる重要な機器なので、そう簡単には誤動作しないようにつくられている。実は、すぐそばにスマホを置いた実験でも誤動作しないことが確認されている。しかし、だからといって優先席付近でスマホを使うのはモラルに反する。現実に心配している心臓ペースメーカーの人も存在している。「電波オフモードだから影響ない」と言い訳するのならば、「私は電波オフモードで使っています」というタスキを肩からかけて、誰にでもわかるようにして使うべきだろう。

Point！ 心臓ペースメーカー利用者への配慮が必要である。

18

飛行機でのスマホ

離陸前ならスマホでのネット接続もいいのだ。

加害者

飛行機のターミナルには独特の雰囲気があってワクワクするものだ。特に、機内の窓から見える風景は**インスタ映え**する。写真を撮って投稿したくなるはずだから、知っておい

てほしいことがある。

機内でネットを使える時間帯が決まっている。離陸前ならば、飛行機のドアが開いている時間帯だ。ドアが閉まったら、スマホの電源を切らなくてはならない。地上を走行中には電波を発する電子機器の使用が**航空法で禁止**されているのだ。マナーの問題ではなく、法律で禁止されている。かつて、全日空便で乗務員が注意したにもかかわらず、携帯電話の電源を切らなかった男が逮捕されたこともある。今では電波を発しない状態にしていればOKとなった。スマホが電波を発しない機能の名称は携帯電話各社で異なる。「電波オフモード」「フライトモード」「セルフモード」「オフラインモード」「パーソナルモード」「機内モード」などが電波を出さない。

機内から空港や空からの夜景の写真を撮りたかったら、電波オフモードにして撮ろう。2014年（平成26年）9月から、航空機内での電子機器の使用制限が緩和されたので、電波オフモードであれば、機内でスマホ利用ができる、

一方、着陸時は少し異なる。無事に着陸して航空機が滑走路から離れたら、飛行場内を走行中でもネットを使用できる。でも、通話はマナーに反する。機内アナウンスの案内を注意して聞こう。

Point！ 離陸と着陸では異なる。機内アナウンスに従おう。

column コラム 7

はじめはルールを作ったのに

「スマホの使用は夜9時まで」「食事中は使わない」「個人情報を書き込まない」……。などなど、はじめてスマホを子供に持たせたときには、家庭内でルールを決めたはずなのに、それがいつの間にかなし崩しになっていく。

「お兄ちゃんやお姉ちゃんはいいのに、なぜ私はダメなの?!」とか、「自分だけやらなかったら仲間外れにされる！」とか、「持っていれば連絡をとりやすい」とか、子供は自分たちに都合のいい理由を見つけるのがうまい。

持たせてしまったら最後、家庭のルールはやがてなし崩しになり、使いたい放題の状態になる。それほどスマホには大きな魔力があります。

その証拠に、電車に乗っている大人たちを見てください。立っている人も、腰かけている人も、多くの人がスマホに夢中になっています。

大人でもこれほど引き込まれるスマホですから、子供たちが自制心を持ち続けることは、とてもむずかしいのです。

ですから、与えっぱなしにせず、いち家族だけでなく、PTAぐるみ、学校ぐるみ、地域ぐるみで正しいスマホの使い方を、何度も繰り返し言い続けることが必要なのです。

【脚注】

●第1章

［注1］侮辱罪（刑法231条）1日以上30日未満の拘留、または1000円以上1万円未満の科料

［注2］名誉毀損罪（刑法230条）3年以下の懲役、または50万円以下の罰金

［注3］岡山県で自殺した中3女子生徒のブログに中傷する書き込みをした同級生を、侮辱の非行事実で家庭裁判所に書類送致（2008年3月）

［注4］信用毀損及び業務妨害罪（刑法233条）3年以下の懲役、または50万円以下の罰金

［注5］脅迫罪（刑法222条）2年以下の懲役、または30万円以下の罰金

［注6］友人から「潰れるらしい」と電話で聞いた女性（22）が、知人らに送ったメールが発端になった（2003年12月）。佐賀地検は不起訴処分（嫌疑不十分）とした

［注7］尖閣諸島中国漁船衝突事件の発生時の映像が、YouTubeに公開され流出した事件（2010年11月）

［注8］大学の入学試験の問題の一部が、試験実施の最中にインターネットの掲示板「Yahoo!知恵袋」に投稿された事件（2011年2月）

［注9］兵庫県神戸市須磨区で発生した、当時14歳の中学生による連続殺傷事件（1997年5月）

［注10］滋賀県大津市内の市立中学校の当時2年生の男子生徒が、イジメを苦に自殺するにいたった事件（2011年10月）

［注11］東京都足立区綾瀬で起きた猥褻誘拐・略取、監禁、強姦、暴行、殺人、死体遺棄事件（1988年11月～1989年1月）

［注12］京都地裁は、ヘイトスピーチの動画をインターネットで公開した行為を名誉を毀損したとして、「在日特権を許さない市民の会」（在特会）に賠償を命じた（2013年10月）

［注13］インターネットホットラインセンター http://www.internethotline.jp/

●第2章

［注1］架空請求の被害件数1177件。被害総額30億1049万円（2012年・警察庁）

［注2］全国の消費生活センターに寄せられる相談件数は年間約3万件

［注3］徳島大学は、教授が女子職員に送った業務メールのハートマークを、セクハラとして懲戒戒告処分に（2006年1月）

［注4］ 2011年3月11日に発生した、東北地方太平洋沖地震と津波、余震による大規模地震災害
［注5］ 強要罪（刑法223条）3年以下の懲役
［注6］ 1999年の「ザ！鉄腕！DASH!!（日本テレビ）」の企画と詐称したチェーンメール
［注7］ 「迷惑メール対策ハンドブック2013」迷惑メール対策推進協議会
［注8］ dakef1@docomo.ne.jp、risu1@ezweb.ne.jp、kuris1@t.vodafone.ne.jp など
［注9］ ストーカー規制法（ストーカー行為等の規制等に関する法律）2000年11月24日施行
［注10］ 執拗なメール送信を「付きまとい行為」とする法改正による初の逮捕者（2013年8月）

●第3章

［注1］ フェイスブックの機能。写真に名前が表示され、本人のタイムラインにも投稿される
［注2］ ソバ屋のアルバイト店員が、食器洗浄器に頭や足を突っ込んだ写真を「洗浄機に洗われてきれいになっちゃった」と投稿した（2013年7月）
［注3］ 女友達が着替えている動画をアダルトサイトに投稿した大学生が、名誉棄損の容疑で逮捕された（2011年8月）
［注4］ 氏名・肖像から生じる経済的利益ないし価値を、排他的に支配する権利のこと。有名人の氏名や肖像は無断で使用できない
［注5］ 被害者からの申告が必要な犯罪。名誉毀損罪、侮辱罪、著作権法違反などが該当する
［注6］ 公衆送信権の侵害
［注7］ 「ONE PIECE」など30作品（118話分）をYouTubeに投稿して、800万回以上閲覧されていた（2010年6月）
［注8］ 著作権の侵害　10年以下の懲役、または1000万円以下の罰金

●第4章

［注1］ 映画の盗撮の防止に関する法律（2007年8月30日施行）
［注2］ トレンドマイクロによると、アンドロイド端末に感染する不正アプリの数は、2012年12月時点で35万件ある
［注3］ アンドロイドのアプリのマーケット。Google社「Google Play」、au「auoneMarket」、

NTTドコモ「docomoMarket」

●**第5章**

［注1］不正アクセス禁止法（不正アクセス行為の禁止等に関する法律）2003年2月13日施行。不正アクセス行為（1年以下の懲役・50万円以下の罰金）、不正アクセス行為を助長する行為（30万円以下の罰金）

［注2］愛知県警は、他人のパスワードを使ってネットゲームをした小6を、不正アクセス禁止法違反の非行事実で児童相談所に通告（2005年9月）

［注3］山梨県警は、他人のID・パスワードを使って不正接続していた小6女児を、児童相談所に通告（2012年6月）

［注4］不当景品類及び不当表示防止法。実際よりよく見せかける表示や、過大な景品付き販売を禁止している

［注5］賭博罪（刑法185条）50万円以下の罰金。常習賭博罪（刑法186条）3年以下の懲役。賭博開帳図利《とり》罪（刑法186条2項）3カ月以上5年以下の懲役

［注6］イギリス、オーストラリア、韓国、アメリカ合衆国（ただし一部の州では禁止）

［注7］国民生活センターへのネット通販の前払いに関する2013年度の相談件数は、前年同期比で6倍以上に急増した

［注8］一定の期間内であれば、消費者から申し込みの撤回や、契約の解除ができる制度

［注9］特定商取引法の改正（2009年12月）。クーリングオフは、特定商取引法で定められている

●**第6章**

［注1］「各種電波利用機器の電波が植込み型医療機器へ及ぼす影響を防止するための指針」（2013年1月・総務省）

［注2］厚生労働省の全国調査。2012年10月～2013年3月、全国の中学校140校と高校124校の約14万人を対象に実施

［注3］スウェーデンVDT電磁波規制ガイドラインでは、電界25［V／m］、磁界2・5［mG］（測定距離50cm）以下と定められている。ホットカーペットは電界1000［V／m］、磁界300［mG］、電気コタツは電界350［V／m］、磁界50［mG］、電気毛布は電界300［V／m］、磁界100［mG］でガイドラインを大きく上回っている

●**第7章**

［注1］JR四ツ谷駅の中央線の上り線で、携帯電話を見ながら歩いていた小学5年生の男子が、誤って下の線路に転落した。快速電車がホームに入ってきたが、男の子は先頭車両の近くの電車とホームの間の隙間に体が入っていたため、電車

との接触はなく無事であった（２０１３年５月）

［注２］東京都東武東上線大山駅近くで、男性が携帯を操作しながら踏切りに立ち入り、電車にはねられて死亡（２０１３年10月）

［注３］道路交通法施行細則／道路交通規則は、各都道府県の公安委員会が定めている

［注４］自転車に衝突されて死亡した女性の遺族が、損害賠償を求めた訴訟の判決で、東京地裁は４７４６万円の支払いを命じた（２０１４年１月）。小学５年生の自転車にはねられた事故では、神戸地裁は母親に９５２０万円の損害賠償を命じている（２０１３年７月）

［注５］窃盗罪（刑法２３５条）10年以下の懲役、または50万円以下の罰金

［注６］大阪府警松原署は、コンビニ店のコンセントを無断で使用して充電していた中学生２人を、窃盗容疑で書類送検した。パトロール中の署員が発見したものである（２００７年９月）

［注７］親書開封罪（刑法１３３条）１年以下の懲役、または20万円以下の罰金

［注８］三鷹ストーカー殺人事件（２０１３年10月）東京都三鷹市の私立高校３年の女子生徒（18）が帰宅後、生徒宅に潜んでいた元交際相手に殺害された事件

［注９］青少年インターネット環境整備法（青少年が安全に安心してインターネットを利用できる環境の整備等に関する法律）２００９年４月施行

［注10］軽犯罪法（正当な理由がなくて人の住居、浴場、更衣場、便所その他、人が通常衣服をつけないでいるような場所を、ひそかにのぞき見た者）に該当する者は、これを拘留、または科料に処する

［注11］（東京都の場合）迷惑防止条例（公衆に著しく迷惑をかける暴力的不良行為等の防止に関する条例）公衆便所等での盗撮の禁止（第５条第１項）２０１２年７月１日改正

［注12］航空法（２００４年１月改正）。50万円以下の罰金

［注13］児童ポルノ禁止法（児童買春、児童ポルノに係る行為等の規制及び処罰並びに児童の保護等に関する法律）１９９９年11月１日施行。児童ポルノの所持（１年以下の懲役又は１００万円以下の罰金）、児童ポルノの提供（３年以下の懲役、または３００万円以下の罰金）、児童ポルノの不特定、または多数の者への提供、公然と陳列（５年以下の懲役または５００万円以下の罰金、または併科）

［注14］脅迫罪（刑法２２２条）２年以下の懲役、または30万円以下の罰金

あとがき

ネット社会で最も危険なことは無知であること。

講演のたびに私はそう強調している。スマホの危険を知らずに使っているというのは、地雷が埋まっている地帯で能天気にスキップしているようなものである。そんなときに、「何が危険なのか?」という知識さえあれば、危険を避けながらスマホを便利に使うことができる。

そのことを1人でも多くのスマホ利用者に知ってもらいたいという思いで、本書を執筆した。

スマホの利用者が直面する危険の数は、実に60項目を超える。利便性と危険性がつまった魔法の道具がスマホなのである。スマホの利便性を活用したときの効果はとても大きい。

しかし、その利便性を悪用・誤用したときの危険もまた、それ以上に大きい。

知らずに使っていると、被害者になる恐れがあり、また加害者になる恐れもある。

まさに「最も危険なことは無知であること」なのである。

スマホの主戦場は、すでに小学生に移っているといわれている。学童クラブから外れる小学校高学年は、塾通いがはじまり、「連絡用に」とスマホを持つ児童が増加する。このような児童に対して、スマホの教育が必要になっているのだ。

高校生に対して「スマホの使い方うんぬん」を教えるのは時期が遅い。物の善悪がわかる年齢であり、大人よりも使いこなしているため、上からスマホの正しい使い方を説明しても、「何を今さら」というのが彼らの実感である。彼らにはむしろ、「なぜ良いのか?」「なぜ悪いのか?」を法的な根拠を示しながら説明することの方が効果がある。マナーも重要なれど、法もまた重要なのだ。

急激に低年齢化するスマホ利用者。次々に現れる新しいサービスを悪用した事件。増え続けるスマホによる被害。

「危ないことは使っているうちに覚えるさ」

そう言えるのは、転んでもまた立ち上がって歩ける程度のケガの場合である。
スマホの被害はときには取り返しがつかないことも多い。ぜひ早いうちに、「危険性」と「正しい使い方」を学んでほしいと思う。

みなさんにとって、本書が少しでも「安全で安心なスマホ生活」を送ることに役立てば本望である。

著者紹介――――佐藤 佳弘（SATO, Yoshihiro）

東京都立高等学校教諭、（株）NTTデータを経て、現在は 株式会社 情報文化総合研究所 代表取締役、武蔵野大学 教授、早稲田大学大学院 非常勤講師、総務省自治大学校 講師。ほかに、西東京市 情報政策専門員、東久留米市 個人情報保護審査会 会長、東村山市 情報公開運営審議会 会長、東京都人権施策に関する専門家会議 委員、京都府・市町村インターネットによる人権侵害対策研究会 アドバイザー、オール京都で子どもを守るインターネット利用対策協議会 アドバイザー、西東京市 社会福祉協議会 情報対策専門員、NPO法人 市民と電子自治体ネットワーク理事、大阪経済法科大学 アジア太平洋研究センター 客員研究員。（すべて現職）

専門は、社会情報学。1999年４月に学術博士（東京大学）を取得。主な著書に、『情報化社会の歩き方』（ミネルヴァ書房）、『ＩＴ社会の護身術』（春風社）、『ネットでやって良いこと悪いこと』『メディア社会やって良いこと悪いこと』（すべて源）、『わかる！伝わるプレゼン力』『インターネットと人権侵害』『脱！ＳＮＳのトラブル』（すべて武蔵野大学出版会）など。

e-mail: icit.sato@nifty.com
http://www.icit.jp/

脱《だつ》！スマホのトラブル【増補版《ぞうほばん》】
LINE《ライン》 フェイスブック ツイッター
やって良《よ》いこと悪《わる》いこと

発行日――――2018年３月１日　第１版第１刷

著者――――佐藤《さとう》 佳弘《よしひろ》

発行――――武蔵野大学出版会
〒202-8585 東京都西東京市新町 1-1-20
武蔵野大学構内
Tel. 042-468-3003 Fax. 042-468-3004

装丁・本文デザイン――田中眞一

イラスト――――初瀬 優

編集――――斎藤 晃（武蔵野大学出版会）

印刷――――株式会社ルナテック

ISBN 978-4-903281-35-3

武蔵野大学出版会ホームページ
http://mubs.jp/syuppan

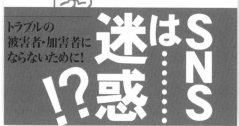

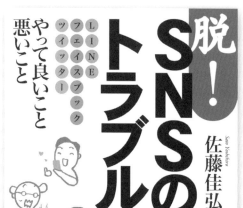